U0263001

流域水循环与水资源演变丛书

东江、黄河、辽河流域地表水文过程模拟及水利工程水文效应研究

张　强　张正浩　孙　鹏　著

科学出版社

北　京

内 容 简 介

本书研究不同流域径流过程的模拟和预测，构建合适的模型，研究径流模拟与预测精度和不确定性，同时，针对受人类活动如修建大坝、水库等干扰下的不同流域地表水文过程，探讨人类活动影响前后流域丰枯遭遇、洪水频率、重现期及水生态的情况，从而对流域径流过程和水生态过程有全面的认识，并为实际生产生活提供科学的依据。

本书适合水文水资源、资源环境等相关专业的研究者使用，亦可作为有关院校本科生和研究生的教材。

图书在版编目（CIP）数据

东江、黄河、辽河流域地表水文过程模拟及水利工程水文效应研究 / 张强，张正浩，孙鹏著. —北京：科学出版社，2019.6

（流域水循环与水资源演变丛书）

ISBN 978-7-03-061659-3

Ⅰ. ①东… Ⅱ. ①张… ②张… ③孙… Ⅲ. ①流域－水文模型－研究－中国 Ⅳ. ①P334

中国版本图书馆 CIP 数据核字（2019）第 116810 号

责任编辑：周　丹　沈　旭　石宏杰 / 责任校对：杨聪敏
责任印制：师艳茹 / 封面设计：许　瑞

科 学 出 版 社 出版

北京东黄城根北街 16 号
邮政编码：100717
http://www.sciencep.com

三河市春园印刷有限公司 印刷

科学出版社发行　各地新华书店经销

*

2019 年 6 月第　一　版　　开本：720 × 1000　1/16
2019 年 6 月第一次印刷　　印张：10 3/4
字数：220 000

定价：129.00 元

（如有印装质量问题，我社负责调换）

目 录

第1章 绪　　论

径流过程模拟与预测是地表水文学中重要的研究领域之一，构建合适的模型，研究径流模拟与预测精度及其不确定性，是探讨水文过程形成机理、阐述成因等相关理论研究的关键，同时研究成果可以为工业需水、农业灌溉、防洪等提供重要科学依据，相关研究已成为当前国际水文科学研究的前沿与热点[1-5]。可靠精确的径流模拟与预测不仅有利于水资源开发与管理，其中长期的径流模拟与预测更可为水库及其水力发电的操作提供指导依据[6]。常用于径流模拟与预测的模型可分为两类，一类是水文模型，另一类是数学统计模型。水文模型需要复杂的数据量，利用多因子驱动模型对径流进行模拟与预测。数学统计模型一般分为多因子和单因子两种，在数据充足的情况下，可以把影响径流的因素（如降水、蒸发等）作为输入变量，径流量作为输出变量进行多因子径流模拟与预测；当研究流域只有径流数据时，可使用径流量滞后因子作为输入变量进行单因子径流的模拟与预测。数学统计模型有利于解决数据缺乏流域的水文模拟与预测问题，且易于操作、模拟效率高[7]。同时，相比传统水文模型所需复杂的数据量，单因子径流模拟与预测对研究数据要求较低，且经济实效[4]。

然而，尽管数学统计模型具有实效性和便利性，此类方法未对不同时间尺度数据（小时尺度到年尺度）进行优化预处理[4]，基于此，混合模型（hybrid model）的概念得以提出。混合模型由数据预处理方法结合数据统计模型组成，常用的数据预处理方法包括粒子群优化算法（particle swarm optimization，PSO）、遗传算法（genetic algorithm，GA）及小波分析（wavelet analysis），它们组成的混合模型不仅拥有预处理算法的优点，而且结合了数学统计模型的长处，可以有效提高预测精度[8, 9]。

在径流模拟与预测中，模型不确定性对模拟或者预测结果造成的影响也是国内外学者研究的热点[10-19]。影响径流模拟与预测结果的模型不确定性有 3 个因素：①数据不确定性（数据的质量和代表性）；②模型精度不确定性（模型存在过拟合情况）；③参数不确定性（模型参数的合适值）[10]。传统水文模型不确定性主要体现在参数不确定性上[14-19]，数学统计模型不确定性主要体现在数据不确定性上[11-13]，分别研究水文模型和数学统计模型的不确定性，对实际水文管理决策有重要意义。

过去的径流模拟与预测是建立在径流一致性的条件下，然而 Milly 2008 年发

表在 *Science* 的文章中提出,在当前气候变化和人类活动条件下,径流一致性已被破坏,过去基于径流一致性的研究理论和方法无法揭示水资源演变的规律[20]。因此,必须对序列进行趋势和突变诊断,划分序列基准期和变异期,并对径流序列进行还原[21],利用还原的径流序列来进行径流模拟与预测。

东江流域地处我国低纬度亚热带区域,气候温和,雨量丰沛,年径流量年内变化较大,夏季最丰,冬季最少,流域 70%~80%的年降水量和年径流量集中在每年的 4~9 月。东江流域是河源、惠州、东莞、广州、深圳及香港 3000 多万人口的水源地。香港 80%的年淡水需求量通过粤港供水工程从东江获取。东江水利水电开发强度极大,截至 2019 年,流域内兴建了大中小型水电站 700 余座,包括流域三大控制性水库(新丰江水库是广东第一大水库,于 1962 年竣工;枫树坝水库是广东第二大人工湖,于 1973 年竣工;白盆珠水库位于东江支流西枝江上游,于 1984 年竣工)和干流 12 座梯级电站,显著影响地表水文过程。

较多的水电工程和高程度的水资源开发利用状况,共同导致东江流域地表径流产生非一致性的影响[22-24]。在非一致性条件下,东江流域 4 个重要水文站点(龙川、河源、岭下、博罗)径流均受到一定程度的变异,其变异情况会对流域管理造成一定的影响。研究非一致性的条件下径流的模拟与预测,同时研究水文模型与数学统计模型在不同条件下的适用性,并对模型的精度及不确定性进行分析,进而分析流域地表径流变化情况,对于研究保护流域生态、维持流域生态系统健康,进而保证流域供水安全具有重大意义。由此,本书首先使用前人分析序列趋势和变异的方法对东江流域 4 个重要水文站点序列进行变异诊断,划分序列为基准期和变异期[24]。使用水文模型和数学统计模型对基准期径流进行模拟与预测,并分析模型的精度和不确定性,然后选取 4 个重要水文站点实测径流数据与基准期率定的模型所得的模拟数据,系统研究东江流域水利工程对地表水文过程及其生态效应的影响,最后根据径流还原的方法还原东江流域非一致性径流,并对还原径流进行预测。本书系统地阐述了流域非一致性条件下径流模拟与预测的全过程,结果可为其他流域径流模拟与预测的研究提供思路和依据。

随着经济社会的发展和人口的增加,水资源已成为 21 世纪以来黄河流域及其相关地区的一个突出问题。黄河是中国第二大河,是西北和华北地区的重要水源地,作为耕地、人口和大城市的供水系统,在中国的国民经济和社会发展中处于重要的战略地位,同时也是经济和社会的可持续发展和西部大开发战略的重要保证和支撑。黄河是中国的水问题较大的河流之一,其中最严重的问题是水资源的短缺和生态环境的恶化,因为下游的“悬河”而出现洪水威胁。随着流域经济的高速发展,人类对水资源的需求越来越大,而从短期来看,黄河流域水资源短缺的基本特征不会改变。

近年来,黄河流域水资源状况有不断恶化的趋势,径流断流的现象频繁发生。

例如，在 1997 年，黄河下游断流天数达 226 天，而中下游的一些支流已成为典型的季节性河流，大部分河流在黄河水文站实测数据记录达到了有实测数据以来的最枯记录。渭河华县段、汾河河津段、伊洛河黑石关段、沁河武陟段等支流在 20 世纪 90 年代实测径流量比多年平均实测径流量减少了 39.9%～58.4%[25]。下游入海径流的减少使黄河三角洲湿地地区海岸侵蚀和海平面上升、地表植被退化、近海水域的生物资源量和生物多样性减少[26]，如何定量评估气候变化和人类活动对这种水文变化的影响及对流域生态环境造成的风险是我国政府和流域管理部门普遍关注的重要问题之一[27]。

水资源短缺是辽宁的基本省情，水资源总量逐年减少、时空分布不均、开发利用程度高是辽宁的基本水情。根据辽宁水资源东多西少的分布现状，由源头、北线和南线三线水库组成的"东水济西"水资源配置格局，能有效解决辽宁水资源短缺问题。在水库丰枯遭遇研究中，枯水月水库间易发生枯枯型遭遇，枯枯型遭遇发生时，水库入库流量较少，当水库间入库径流皆低于最小生态径流标准时，水库无法对各自调水城市进行供水调度，从而对城市用水造成极大影响。因此，研究源头、北线和南线三线水库间丰枯遭遇，对入库流量作定量生态分析，不仅可以为辽河流域城市间输水用水提供解决方案，而且能避免水库径流生态系统因调水而受到破坏，其研究结果对维系辽河流域水库生态系统平衡及辽宁城市水资源配置具有重大意义。

参 考 文 献

[1]　Milly P C D，Dunne K A，Vecchia A V. Global pattern of trends in streamflow and water availability in a changing climate[J]. Nature，2005，438（7066）：347-350.

[2]　Yaseen Z M，Fu M，Wang C，et al. Application of the hybrid artificial neural network coupled with rolling mechanism and grey model algorithms for streamflow forecasting over multiple time horizons[J]. Water Resources Management，2018：1-17.

[3]　Shafaei M，Kisi O. Predicting river daily flow using wavelet-artificial neural networks based on regression analyses in comparison with artificial neural networks and support vector machine models[J]. Neural Computing and Applications，2017，28（1）：15-28.

[4]　Nourani V，Baghanam A H，Adamowski J，et al. Applications of hybrid wavelet-Artificial Intelligence models in hydrology：A review[J]. Journal of Hydrology，2014，514：358-377.

[5]　Yaseen Z M，Ebtehaj I，Bonakdari H，et al. Novel approach for streamflow forecasting using a hybrid ANFIS-FFA model[J]. Journal of Hydrology，2017，554：263-276.

[6]　Ravansalar M，Rajaee T，Kisi O. Wavelet-linear genetic programming：A new approach for modeling monthly streamflow[J]. Journal of Hydrology，2017，549：461-475.

[7]　Shiri J，Kisi O. Short-term and long-term streamflow forecasting using a wavelet and neuro-fuzzy conjunction model[J]. Journal of Hydrology，2010，394（3-4）：486-493.

[8]　Wu C L，Chau K W，Li Y S. Predicting monthly streamflow using data-driven models coupled with data-

preprocessing techniques[J]. Water Resources Research，2009，45（8）：1-23.

[9] Wang W，Van G P，Vrijling J K，et al. Forecasting daily streamflow using hybrid ANN models[J]. Journal of Hydrology，2006，324（1-4）：383-399.

[10] 严登华，袁喆，王浩，等. 水文学确定性和不确定性方法及其集合研究进展[J]. 水利学报，2013，44（1）：73-82.

[11] 宋文博，卢文喜，董海彪，等. 基于 Bootstrap 法的水文模型参数不确定分析——以伊通河流域为例[J]. 中国农村水利水电，2016，（10）：95-99.

[12] Tiwari M K，Chatterjee C. Uncertainty assessment and ensemble flood forecasting using bootstrap based artificial neural networks（BANNs）[J]. Journal of Hydrology，2010，382（1）：20-33.

[13] Tiwari M K，Adamowski J F. An ensemble wavelet bootstrap machine learning approach to water demand forecasting：A case study in the city of Calgary，Canada[J]. Urban Water Journal，2017，14（2）：185-201.

[14] 王中根，夏军，刘昌明，等. 分布式水文模型的参数率定及敏感性分析探讨[J]. 自然资源学报，2007，（4）：649-655.

[15] 王旭滢，包为民，孙逸群，等. 基于 Copula-GLUE 的新安江模型次洪参数不确定性分析[J]. 水力发电，2018，44（1）：9-12.

[16] 任政，盛东. 基于多目标 GLUE 算法的新安江模型参数不确定性研究[J]. 水电能源科学，2016，34（3）：15-18+43.

[17] 张太衡，武新宇，孙倩莹. 基于径流模型参数不确定性的防洪风险分析[J]. 水力发电学报，2017，36（9）：31-39.

[18] Alaa A A，Lü H，Zhu Y. Assessing the Uncertainty of the Xinanjiang Rainfall-Runoff Model：Effect of the Likelihood Function Choice on the GLUE Method[J]. Journal of Hydrologic Engineering，2015，20（10）：04015016.

[19] Tongal H，Booij M J. Quantification of parametric uncertainty of ANN models with GLUE method for different streamflow dynamics[J]. Stochastic Environmental Research and Risk Assessment，2017，31（4）：993-1010.

[20] Milly P C D，Betancourt J，Falkenmark M，et al. Stationarity is dead：Whither water management?[J]. Science，2008，319（5863）：573-574.

[21] 谢平，陈广才，雷红富，等. 水文变异诊断系统[J]. 水力发电学报，2010，29（1）：85-91.

[22] 谢平，张波，陈海健，等. 基于极值同频率法的非一致性年径流过程设计方法——以跳跃变异为例[J]. 水利学报，2015，46（7）：828-835.

[23] 顾西辉，张强，陈晓宏，等. 气候变化与人类活动联合影响下东江流域非一致性洪水频率[J]. 热带地理，2014，34（6）：746-757.

[24] 李析男. 变化环境下非一致性水资源与洪旱问题研究[D]. 武汉：武汉大学，2014.

[25] 王玉明，张学成，王玲，等. 黄河流域 20 世纪 90 年代天然径流量变化分析[J]. 人民黄河，2002，（3）：9-11.

[26] 崔树彬，高玉玲，张绍峰，等. 黄河断流的生态影响及对策措施[J]. 水资源保护，1999，（4）：23-26.

[27] 王国庆. 气候变化对黄河中游水文水资源影响的关键问题研究[D]. 南京：河海大学，2006.

第 2 章　研究区域概况

2.1　东江流域自然地理概况

2.1.1　地理位置

东江发源于江西省寻乌县桠髻钵山，流经龙川县、东源县、紫金县、惠城区、博罗县至东莞市的石龙，分南北两水道入狮子洋。干流由东北向西南流，河道长度至石龙为 520km，至狮子洋为 562km，分水岭高程为 1101.9m。流域面积为 35340km^2，石龙以上流域面积为 27040km^2，占珠江流域面积的 5.96%，是珠江三大水系之一[1, 2]。

2.1.2　地形地貌

东江流域内分布着大致平行的三列山脉，自东北向西南斜贯全区，三列山脉从西至东依次为九连山、罗浮山、梅江和东江分水岭。东南还有粤东莲花山脉。新丰江、东江、秋香江、西枝江顺次分布其间。中、北部为丘陵山地，南部为东江三角洲、低洼地、缓坡台地和沿江平原。

东江流域北部山区最广，统称九连山脉，其南端一段为粤赣两省天然边界，主峰在连平县东，高程约 1300m。南部山脉分列在东江两岸，右岸自河源西南的桂山（高程约 1256m）至博罗的罗浮山（高程约 1280m）成一长列，走向为西北至东南。左岸则分两列，一列为介于西枝江与海丰县之间的莲花山、茅山顶，两者均高达 1336m，为流域中广东省境内的最高山峰；另一列为西枝江与秋香江的分水岭，高度稍低，亦高达 1000m 以上，如 1186m 的鸟禽山、1125m 的鸡笼山，走向均为东北至西南。

东江流域地势东北部高，西南部低。高程在 50～500m 的丘陵及低山区约占 78.1%，高程在 50m 以下的平原地区约占 14.4%，高程在 500m 以上的山区约占 7.5%。

2.1.3　气候特征

东江流域地势北高南低，有利于暖湿空气的辐合抬升，因此，流域降水较为丰富。流域内多年平均雨量为 1750mm，降雨在面上的分布一般是中下游比上游多，西南多，东北少，由南向北递减。

因受亚热带季风气候的影响，东江流域降雨年内分配不均，流域 70%～80% 的年降雨量和年径流量集中在每年 4～9 月，其余时间基本为枯水季节。流域降雨以南北冷暖气团交绥的锋面雨为主，多发生在 4～6 月；其次是热带气旋雨，多发生在 7～9 月。因此年内降雨量分布基本呈双峰型，第一个高峰值一般发生在前汛期的 6 月；第二个高峰值一般发生在后汛期的 8 月。汛期（4～9 月）的降雨量占全年的大部分，各地均达 80% 左右。大部分地方前汛期降雨量大于后汛期，占年降雨量的 50% 左右。

受海洋性气候影响，流域内年气温变化不大，但地区变化较大。在北部山区冬季有冰雪，西南部较为罕见。多年平均气温为 20～22℃。一年中最热为 7 月，平均气温 28～31℃，绝对最高温度达 39.6℃（龙川站，1980 年 7 月），最冷为 1 月，平均气温为 9.7～11℃，绝对最低温度为 -5.4℃（连平县，1955 年 1 月 22 日）。无霜期长，北部山区无霜期年平均为 275d，南部无霜期长达 350d。多年平均日照时间在 1680～1950h。

流域多年平均水面蒸发量在 1000～1400mm，1956～2000 年平均水面蒸发量约为 1100mm。区域分布西南多，东北少。

2.1.4　自然灾害

东江流域自然灾害有洪涝、旱、潮、咸、风及水土流失等。其中，洪涝和旱为主要灾害。东江流域自 1198 年（宋庆元四年）至 1987 年的 790 年中，发生较大洪水灾害 133 次，平均 6 年发生一次，大洪灾约 9 年发生一次。据不完全统计，受灾面积超 6.67 万 hm^2 的特大洪灾有：1833 年、1915 年、1923 年、1934 年、1947 年、1953 年、1959 年、1964 年、1973 年及 1979 年等，其中，1959 年受灾面积最大，达到 14.74 万 hm^2，其次依次为 1953 年、1915 年、1947 年和 1923 年[3]。

中华人民共和国成立后，1957 年发生最大涝灾，其面积达 4.36 万 hm^2，其次是 1959 年和 1961 年。最大旱灾发生在 1977 年，受旱面积达 21.13 万 hm^2，占东江流域总耕地面积的 56.3%，其次是 1963 年，受灾面积达 18.66 万 hm^2。

2.1.5　社会经济概况

东江流域行政区划包括江西省的安远、定南、寻乌、龙南，广东省的龙川、和平、河源、惠州、博罗、东莞、龙门、深圳等 20 个县市，东江直接肩负着河源、惠州、东莞、广州、深圳及香港 3000 多万人口的生产、生活、生态用水。河源、惠州、东莞、广州、深圳五市的人口约占广东省总人口的 50%，国内生产总值（Gross Domestic Product，GDP）占全省 GDP 总量的 70%，在全省政治、社会、经济中具有举足轻重的地位。东江流域是一个关联度高、整体性强的区域，东江水资源已成为香港和东江流域地区的政治之水、生命之水、经济之水[4]。

2.1.6　水利工程概况

流域内建有大型水库 5 宗，分别为新丰江、枫树坝、白盆珠、天堂山和显岗水库，中型水库 50 宗，总库容为 185.36 亿 m³，各种小型及以下水库 840 宗，大型、中型、小型及以下水库年供水总量 13.97 亿 m³。已建引水工程 6108 宗，年供水量 9.32 亿 m³。已建成机电排灌工程 129 宗，共装机 9.82 万 kW，其中电灌装机 34941kW、电排装机 55207kW、提水装机 8086kW，年供水量 1.5 亿 m³。大的跨流域引水工程有东江—深圳供水工程、深圳东部引水工程、广州东部引水工程等。

东江流域大型水库与中型水库控制约 51% 的流域水资源，尤其是新丰江、枫树坝和白盆珠三大控制性水库，总库容分别位列全省大型水库的第一、第二、第五位，总库容合计达 170.48 亿 m³，其中兴利库容合计 81.26 亿 m³，对东江全流域的水资源有控制性的调蓄作用。三大水库均位于东江一级支流上，新丰江水库总库容 139.8 亿 m³，控制集雨面积 5370km²，库容系数为 0.99，属多年调节水库，原设计任务以发电为主，结合防洪、航运等功能；枫树坝水库总库容 19.4 亿 m³，控制集雨面积 5150km²，库容系数为 0.28，为不完全年调节水库，原设计任务以航运为主，结合发电、防洪等功能；白盆珠水库总库容 12.2 亿 m³，控制集雨面积 856km²，库容系数为 0.33，具有不完全多年调节性能，原设计任务以防洪、灌溉为主，结合发电、航运等功能。

天堂山水库，位于增江上游龙门县北部天堂山乡，是一座以防洪为主，兼顾灌溉、发电、养殖、旅游的综合水利工程。工程于 1978 年 7 月始建，1992 年 8 月竣工。总库容 2.43 亿 m³，控制集雨面积 461km²，水电站装机容量 1.95 万 kW。水库的建成，使增江中下游的增城、博罗等县区的 37.5 万亩①农田免受洪水灾害的威胁，新增灌溉面积 8.9 万亩，改善灌溉面积 21 万亩。

显岗水库，位于博罗县罗阳镇西北 19km 处。1959 年冬兴建，1963 年底竣工，总库容 1.38 亿 m³，控制集雨面积 295km²。设计灌溉面积 10.5 万亩，防洪保护面积 20.3 万亩。水电站装机容量 0.1 万 kW，年发电量 350 万 kW·h 以上。显岗水库是一座以灌溉、防洪并重，兼顾发电、水产养殖综合效益的水库。

---

① 1 亩≈666.7m²。

东江流域水利工程建设基本情况和五大控制性水库基本情况见表 2-1 和表 2-2。

表 2-1 东江流域水利工程建设基本情况

基本情况	广州	东莞	深圳	惠州	河源	韶关	合计
一级支流/条	1	1	0	10	14	0	26
大型水库/宗	0	0	0	3	2	0	5
中型水库/宗	6	8	4	19	12	1	50
大型水闸/宗	0	4	0	1	0	0	5
1 万亩以上堤防/宗	4	2	0	17	0	0	23
梯级电站/个	0	1	0	2	11	0	14

表 2-2 东江流域五大控制性水库基本情况

水库	总库容/亿 m^3	控制集雨面积/km^2	库容系数	用途
枫树坝水库	19.4	5150	0.28	以航运为主,结合发电、防洪等功能
新丰江水库	139.8	5370	0.99	以发电为主,结合防洪、航运等功能
白盆珠水库	12.2	856	0.33	以防洪、灌溉为主,结合发电、航运等功能
天堂山水库	2.43	461		以防洪为主,兼顾灌溉、发电、养殖、旅游
显岗水库	1.38	295		以灌溉、防洪并重,兼顾发电、水产养殖综合效益

另外,东江干流的梯级开发共规划为 14 个梯级水电站,从河源龙川到东莞石龙,枫树坝以下,由上游往下分别是:龙潭水电站、稔坑水电站、罗营口水电站、苏雷坝水电站、枕头寨水电站、柳城水电站、蓝口水电站、黄田水电站、木京水电站、风光水利枢纽、沥口水电站、下矶角水电站、剑潭水电站(东江水利枢纽)、石龙水电站。其梯级总装机容量为 53.91 万 kW,多年平均发电量为 21.30 亿 kW·h,总投资为 63.95 亿元。目前,已经建好的有龙潭水电站、稔坑水电站、罗营口水电站、枕头寨水电站、蓝口水电站、木京水电站、风光水利枢纽和剑潭水电站;而苏雷坝水电站、柳城水电站、黄田水电站、沥口水电站则正在建设中;下矶角水电站、石龙水电站 2 个梯级电站则在规划中,并未开始建设。

2.2 黄河流域自然地理概况

2.2.1 地理位置

黄河干流长 5464km,流域总面积 79.5 万 km^2(其中含内流区面积 4.2 万 km^2)。

黄河流域大部分地区都位于中国的西北部，河套平原和宁夏平原是由黄河水灌溉而成的。经纬度范围为东经 95°53′～119°05′，北纬 32°10′～41°50′。黄河是世界第六大长河，同时也是中国的第二大长河。起源于青藏高原，最后汇流入渤海。支流贯穿了青海、四川、甘肃、宁夏、内蒙古、山西、陕西、河南和山东 9 省（自治区），涉及 393 个县。黄河上游和中游的分界点是内蒙古的河口县，中游和下游的分界点是河南省的旧孟津。

2.2.2　地貌条件

黄河流域土地辽阔，同时地形和地貌的差异也较大。由西向东横跨四个地貌单元，分别为青藏高原、内蒙古高原、黄土高原和黄淮海平原。

黄河流域地势特征表现为西高东低，西部的河源地区平均海拔在 4km 以上，主要是由连绵的高山组成，而且常年积雪，在超过 5km 的山峰上，古冰川地貌发育；中部地区的海拔在 1500m 左右，主要为黄土地貌，水土流失较为严重；东部地区主要由黄河冲积平原组成，水资源匮乏，地下水水质较差。河床高出两岸地面，形成"悬河"，洪水威胁比较大。

2.2.3　气候水文特征

黄河流域的东部濒临海洋，西部则为内陆，因此降水、蒸发、光热资源等气候条件差异很明显。流域内的气候类型大致可以归纳为干旱、半干旱和半湿润气候，西部地区比较干旱，而东部地区则显得湿润。流域大部分地区年降水量在200～650mm，年降水量平均为478mm，多年年平均蒸发量在 700～1800mm。黄河流域 6～10 月的降水量占全年的 65%～85%，最大暴雨主要发生在 7～8 月。流域内的平均气温各地区也表现出较大的差异，上游在 1～8℃，中游在 8～14℃，下游在 12～14℃。黄河流域的无霜期较短，下游无霜期为200～220d，中游为150～180d，上游久治以上地区平均不足 20d。

流域的水文特征比较鲜明，上游降水历时很长，但是强度较小，因此洪水径流洪峰小总量大；中游降水则历时比较短，但是强度较大，因此形成的洪水径流洪峰高，总量小，容易陡涨陡落，形成暴雨洪水，所以造成的危害较大。而对黄河防洪安全威胁最大的洪水则发生在夏秋两季，即伏秋大汛，其次就是冬季的凌汛。

黄河流域的水土流失面积达 43 万 km², 黄土高原区水土流失现象极为严重，黄河的泥沙大部分来自于黄土高原。据悉，黄河每年下泄的泥沙达 16 亿 t，而其中 90% 都来自于黄土高原。主要的产沙区在太行山以西、日月山以东的黄土高原地区。大量的泥沙侵入黄河，下游河床淤泥堆积，导致黄河下游的水患很严重，但是又难于治理。

2.2.4　河流水系

黄河的干流蜿蜒曲折，历来就有"九曲黄河"的称号，支流众多。据悉，黄河发源于青海，直至山东入海口，途经了9个省区，先后有13条主要支流汇入河道，而流域面积大于 $100km^2$ 的支流达 200 多条，流域面积大于 $1000km^2$ 的有 76 条，众多支流的加入使得河道更加开阔，从而形成了浩瀚的黄河。

黄河的左岸和右岸的支流分布并不是对称的，并且汇入的支流的疏密也不是均匀的。因此，流域的面积随着河长的增长，面积的增长速率差别比较大。黄河左岸的流域面积有 29.3 万 km^2，而黄河右岸的流域面积达到 45.9 万 km^2，是左岸流域面积的 1.57 倍。而龙门至潼关区间，右岸流域面积则是左岸流域面积的 3 倍。黄河干流上游的河段长为 3472km；黄河干流中游的河段长为 1206km，汇入的支流较多；黄河干流下游的河段长为 786km，汇入支流非常少。

根据黄河流域的地貌特征，黄河的地貌大致上可以分类为山地、山前和平原三种。不同类型的河流分布于黄河流域的各处，各个地方有着不同的地质构造、复杂的基岩性质及各式各样的地表形态，使得水系的平面构造表现出丰富多样的形式，而且使得各地河网的密度随之增加。

2.2.5　自然灾害情况

1. 旱灾频繁

在我国，旱灾是"头号"的气象灾害，特别是在黄河流域地区，而且旱灾对农业的生产活动带来的破坏非常严重，而人类也难以应对。

黄河流域洪水灾害频繁，但大部分地区都属于干旱、半干旱地带，降雨量偏少，旱灾也很严重，有灾情重、频率高的特点。据历史资料记载：从公元前 1766 年至公元 1945 年，有大旱成灾记载的年份达 1070 年，其中，清代的旱灾是最严重的，据悉，在清代平均一年左右就会发生一次旱灾。

2. 水土流失严重

黄河中游的黄土高原是中华民族的发祥地，有很多朝代都在此建立过都城，总面积为 64 万 km^2。黄土高原不仅是中华历史文化的摇篮，同时还是我国西部大开发的重要根据地。但是黄土高原的水土流失非常严重，生态环境恶劣，经济的发展也比较滞后。

　　黄土高原的土质疏松而且垂直节理较为发育，在人类活动以前，黄土高原其实就存在土壤侵蚀的现象。但大部分地面都有林木，使得土壤的侵蚀不那么严重，不会导致严重的灾害。陕西处在黄土高原中部，历史上多个王朝都在此建都。在相当长的一段时间内，陕西、甘肃等都是植被丰富、生态资源富饶的繁荣富庶之地。人口的增加、频繁的战争、自然灾害和人类乱垦滥伐，使得植被变得稀疏，再加上土壤的抗蚀性差，以及该地区暴雨较为集中，从而使黄河中游的黄土高原成为我国水土流失较严重的地区之一，每年水土流失的总量达到 16 亿 t，这是黄河下游洪水和泥沙灾害的主要原因。水土流失导致了陕西、甘肃等地区荒漠化，社会经济的发展也受到很大的限制。

3. 洪水

　　黄河流域的洪水按照成因可分为暴雨洪水和冰凌洪水，暴雨洪水和冰凌洪水造成的水灾遍及整个流域，但主要发生在下游，而河口镇至龙门区间、龙门至三门峡区间、三门峡至花园口区间则是下游洪水来源的主要地区。

　　上游兰州市以上河段的洪水多发生在 9 月，威胁的地区主要是兰州市、宁夏平原和内蒙古高原；河口镇至龙门区间，由于植被稀少，属于半干旱地区，暴雨频次较多，洪水涨落迅速，所以洪水过程线尖瘦。龙门至三门峡区间有大支流的汇入，如渭河、北洛河和汾河，洪水历时较长，洪水过程线呈矮胖形。三门峡至花园口区间为半湿润地区，此区域暴雨的强度大，历时 2～3d，洪水特点为洪峰高，历时可达到 10～12d。花园口以下的区间，由于河道的淤积，流域面积也较小，洪水不大。

4. 凌汛

　　黄河上下游河段，每年冬季的气温分布为西部气温低于东部、北部气温低于南部、高山气温低于平原。1 月的平均气温都在零下，黄河流域不同地区冬季都有不同程度的冰情现象。这些冰情对航道交通、供水和发电都有直接的影响，特别是当河道内出现了冰坝等，会导致凌洪灾害。

　　黄河至兰州区间地处黄河的首端，虽然气温非常低，但是由于各河段河道比降悬殊，流速变化大，所以各区间流凌和封冻状况有所差异，但是水库的修建改变了热力和水力条件，水库上游发生过冰塞，而水库下游则不封冻。宁夏河段中黑山峡至枣园区间为峡谷河段，比降大，坡陡流急，只有特别冷的年份才会出现封河。枣园以下的区间比降小，而且河面宽，气温低，常出现封冻河段。内蒙古河段地处黄河的最北端，该河段支流较少，而且为雨洪产流的时令河，冬季无水补给，冰冻期达 4～5 个月，大部分为稳定的封河段。解冻开河由甘肃、宁夏向下展开。黄河下游指从桃花峪至入海口的区间，冬季常常受到寒潮的侵袭，下游每年都会出现凌汛，经常发生封河等灾害。

2.2.6　社会经济概况

　　黄河流域的大部分地区位于我国的中西部，很早以前就是农业经济开发区。而且地处黄河流域的城市具有悠久的历史，按照城市的性质，可以分为综合型、工矿型、能源工业型及原材料工业型。主要的产业有煤炭产业、石油产业、电力产业、化学产业、建筑材料产业、机械电子产业、食品产业、烟草产业及纺织业。轻工业和重工业的产值比重为 1：1.63。

　　黄河流域经济发展中存在的薄弱环节主要有：经济的基础不稳固，商品经济发展落后，城市发展的依赖性大；黄河流域的城市相对于发达地区，规模偏小，而且数量较少，而且数量结构不合理、分布也不均。整个流域的 42 个大、中、小城市中，位于中游的有 22 个，占总数的 52.4%；城市被条块分割，使得城市的凝聚力较差，集聚效益不高；大部分城市处于内陆，城市活力小，缺乏对外的吸引力，开放程度远低于沿海城市。

2.3　辽河流域自然地理概况

　　辽河流域地处我国东北地区，主要河流包括东辽河、西辽河、辽河干流和浑太河，地跨辽宁、吉林、内蒙古、河北四省区，流域面积为 21.9 万 km^2，多年平均降水量在 300～1000mm。辽河流域水库沿南中北三线分布，本书选取东北地区位于源头、北线、南线三线 9 个主要水库作为研究对象，源头分别是大伙房、清河、桓仁；南线分别是英那河、碧流河、张家堡；北线分别是青山、锦凌、白石。其中大伙房、清河、桓仁、青山、锦凌、白石水库为 1956～2006 年月入库径流数据，英那河、碧流河、张家堡水库为 1956～2004 年月入库径流数据，数据完好，无缺省值。

2.4　数　据　来　源

　　2.1 节选取中国国家气象中心提供的全国 2474 个气象测站中覆盖东江流域及其周边范围的 46 个气象站点 1960～2009 年逐日降水量与潜在蒸发量数据。所有测站的数据缺失比例均小于 1%，对于缺失的数据，如果时段较短，则使用相邻数据平均值进行插补；如果时段较长，则使用多年同一时段的平均值进行插补[5]。同时，选取东江流域 4 个水文站（龙川、河源、岭下、博罗）1960～2009 年径流数据进行研究。

　　2.2 节选取位于黄河干流 7 个主要水文控制站点（唐乃亥、兰州、头道拐、龙门、花园口、孙口和利津）的日径流量观测数进行分析，径流数据来源于水利部黄河水利委员会的水文年鉴等资料。对于个别缺测数据，本书选用上下游相关分析法来插补（相关系数达 0.85 以上），以确保序列的完整性和连续性。选取黄河干流主要的水利工程（表 2-3），分析其建库后所带来的水文变异及水生态系统的变化。另外选取分布在整个黄河流域的 77 个降水站点 1960～2013 年日降水数据，数据有少量缺测。选取的有效灌溉面积（1978～2005 年）和水库总库容（1987～2005 年）的数据来源于 2005 年之前的《中国水资源公报》，地表取水量（是指从黄河干、支流引的包括输水损失在内的新鲜水量）（1998～2005 年）的数据来源于 2005 年之前的《黄河水资源公报》。

表 2-3　黄河干流主要水利工程详细信息

大坝名称	建造时期	集水面积/km^2	总库容/亿 m^3
龙羊峡	1979～1986 年	131420	247.0
李家峡	1988～1996 年	136747	16.5
刘家峡	1958～1974 年	181766	64.0
青铜峡	1958～1968 年	275010	6.2
三门峡	1958～1960 年	688800	360.0
小浪底	1992～1997 年	694000	126.5

　　根据李剑锋等[6]和李文文等[7]对黄河干流水文变异的分析结果，将水文序列划分为变异前序列和变异后序列（表 2-4）。

表 2-4　日流量站点的详细信息

站点	经度	纬度	集水面积/km^2	变异前序列	变异后序列
唐乃亥	100°09′E	35°29′N	121972	1956～1989 年	1990～2005 年
兰州	103°50′E	36°03′N	222551	1967～1986 年	1987～2005 年
头道拐	111°08′E	40°17′N	367898	1958～1985 年	1986～2005 年
龙门	110°35′E	35°39′N	497552	1965～1985 年	1986～2005 年
花园口	113°40′E	34°54′N	730036	1949～1990 年	1991～2005 年
孙口	115°51′E	35°54′N	734146	1949～1985 年	1986～2005 年
利津	118°14′E	37°26′N	751869	1949～1985 年	1986～2005 年

　　2.3 节选取东北地区位于源头、北线、南线三线 9 个主要水库作为研究对象，其中大伙房、清河、桓仁、青山、锦凌、白石水库为 1956～2006 年月入库径流数

据，张家堡、英那河及碧流河水库为 1956～2004 年月入库径流数据，数据完好，无缺省值。

参 考 文 献

[1]　廖远祺. 对珠江流域各水系定名的认识[J]. 人民珠江，1987，（2）：2-4.

[2]　珠江水利委员会. 珠江水利简史[M]. 广东：水利电力出版社，1990.

[3]　卞吉埠. 继往开来的东江流域水利[J]. 人民珠江，1993，（3）：45-48.

[4]　向旭. 东江流域规划环境影响评价报告[J]. 水资源保护，1988，（4）：45-57.

[5]　Zhang Q，Singh V P，Li J，et al. Analysis of the periods of maximum consecutive wet days in China[J]. Journal of Geophysical Research-Atmospheres. 2011，116（23）：D2316.

[6]　李剑锋，张强，陈晓宏，等. 考虑水文变异的黄河干流河道内生态需水研究[J]. 地理学报，2011，66（1）：99-110.

[7]　李文文，傅旭东，吴文强，等. 黄河下游水沙突变特征分析[J]. 水力发电学报，2014，33（1）：108-113.

第3章 东江流域变异分析

受气候变化与人类活动的共同影响，流域水文序列一致性规律受到质疑，常规研究一致性的方法与模型对变异序列的分析不再合理[1]。因此，对流域水文序列进行变异诊断研究时，根据诊断结果判断序列变异情况，对非一致性水文序列进行基准期和影响期的划分，同时使用不同的方法与模型对非一致性水文序列进行研究，可以解决常规研究思路带来的不合理性。常规水文序列可以分为确定性成分和随机性成分。确定性成分具有一定的物理概念，包括周期成分、趋势成分和跳跃成分等。随机性成分由随机因素或者序列不规则震荡而产生，可用随机理论研究[2]。根据谢平等[2]的研究结论，序列确定性成分受气候变化和人类活动的影响，在短时间内会发生变异，因此其变化规律是非一致性的。随机性成分受漫长的气候因素、地质因素等影响，其变化规律相对一致。

由第1章可知，较多的水电工程和高程度的水资源开发利用状况，共同导致东江流域地表径流产生非一致性的影响[3-5]。在非一致性条件下，东江流域4个重要水文站点（龙川、河源、岭下、博罗）径流均发生一定程度的变异，其变异情况会对流域管理造成一定的影响（表3-1）。因此，在进行流域径流模拟和预测前，需对东江流域站点进行变异诊断研究，水文序列变异诊断方法较多，谢平等[6]和黄强等[7]提出了多种诊断方法结合的综合诊断评价系统，分析严谨，结论可靠。本书对谢平等[6]和黄强等[7]的综合诊断评价系统进行简化，对东江流域水文序列进行趋势变异分析，从而划分流域基准期和影响期，用于下一步的研究。

表 3-1 东江流域各水文站基本情况

水文站点	纬度	经度	资料序列
龙川	24.12°N	115.25°E	
河源	23.73°N	114.7°E	1960~2009 年
岭下	23.25°N	114.57°E	
博罗	23.18°N	114.28°E	

根据谢平等[6]和黄强等[7]的研究结果，把水文变异诊断分析分为两部分：第一部分诊断是初步诊断，使用滑动平均法和 Hurst 系数法对水文序列进行诊断，判断流域水文序列是否发生变异，如果没有发生变异，则进行成因调查分析进行确

认。如果发生变异，则进行第二部分诊断。第二部分诊断是详细诊断，分为趋势诊断和突变诊断。采用线性趋势回归法、斯皮尔曼秩次相关法和肯德尔秩次相关法进行趋势诊断，采用 Mann-Kendall 法（以下简称 M-K 法）、有序聚类法、滑动游程检验法、滑动 T 检验法、滑动 F 检验法和李-海哈林检验法对序列进行突变诊断。最后，根据详细诊断的结果判断流域序列的突变点。其整体流程见图3-1。

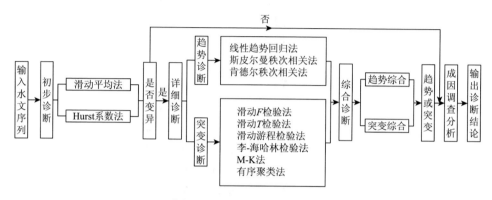

图 3-1　水文变异诊断流程图

3.1　序列初步诊断

初步诊断采用滑动平均法和 Hurst 系数法对流域径流序列进行随机性检验，从定性和定量角度判断径流是否变异，如果不存在变异，则对序列进行成因调查分析，再确认诊断结论；如果存在变异，则进行详细诊断。

其中滑动平均法通过对原序列分段取平均值，消除序列波动变化的影响，使原序列光滑化，然后通过定性判断新序列是否存在明显的趋势。Hurst 系数法通过计算序列的 Hurst 系数，然后根据谢平等[6]提出的变异程度分级来判断序列的变异程度。

本书首先使用七点滑动平均法对东江流域龙川、河源、岭下、博罗 4 个水文站点的年径流、各月月径流序列进行定性分析，其分析结果如下所述。

从图 3-2 可以看出，东江流域 4 个水文站点（龙川、河源、岭下、博罗）七点滑动平均值没有明显的增大或者减少的趋势，在年径流均值间上下波动。1970~1985 年，随着枫树坝水库、白盆珠水库的建设和建成投入使用，4 个水文站点年径流实测值皆在 1983 年产生极大值，七点滑动平均值也在此期间逐渐上升，龙川、河源、岭下、博罗 1983 年年径流实测值分别为 385.8m³/s、882.9m³/s、1131m³/s、1311m³/s。4 个站点在枫树坝水库建成期（1973 年）前后超过年径流均值。整体而言，从定性分析角度无法判断 4 个站点年径流均值是否发生变异，需使用 Hurst 系数法做进一步分析。

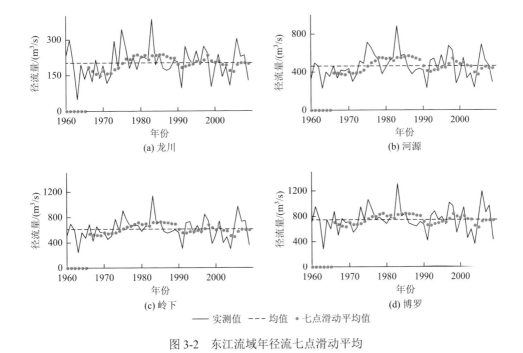

图 3-2　东江流域年径流七点滑动平均

　　从图 3-3 可以看出，东江流域龙川水文站 1 月、2 月、3 月、4 月、5 月、10 月、11 月与 12 月七点滑动平均值在 1970～1985 年趋势与龙川水文站年径流七点滑动平均值整体趋势类似，皆为上升趋势，且 1980～1985 年大部分七点滑动平均值皆高于均值。其中，1 月、2 月、11 月与 12 月七点滑动平均值高于均值的数量较多，七点滑动平均值趋势整体向上，定性判断这 4 个月存在变异。3 月、4 月、5 月与 10 月七点滑动平均值整体趋势与龙川水文站年径流七点滑动平均值整体趋势接近，皆为先增大后减小，无法判断趋势。6 月七点滑动平均值整体呈下降趋势，推测存在变异。7 月、8 月与 9 月七点滑动平均值整体低于实测均值，其中，7 月与 9 月七点滑动平均值趋势整体平坦化，推测这两个月可能不存在变异。8 月七点滑动平均值趋势在 1990 年后有增加的趋势，但是整体上无法判断其变异情况。

　　综上所述，从定性角度分析，龙川水文站 1 月、2 月、6 月、11 月与 12 月可能存在变异，3 月、4 月、5 月、8 月与 10 月无法判断变异情况，7 月与 9 月可能不存在变异。

　　从图 3-4 可以看出，东江流域河源水文站 1 月、2 月、3 月、4 月、5 月、8 月、10 月、11 月与 12 月七点滑动平均值在 1970～1985 年趋势与河源水文站年径流七点滑动平均值整体趋势类似，皆为上升趋势，且 1980～1985 年大部分七点滑动平均值皆高于均值。其中，1 月、2 月、3 月、4 月、11 月与 12 月七点滑动平均值高于均值的数量较多，七点滑动平均值趋势整体向上，定性判断这 6 个月存在变

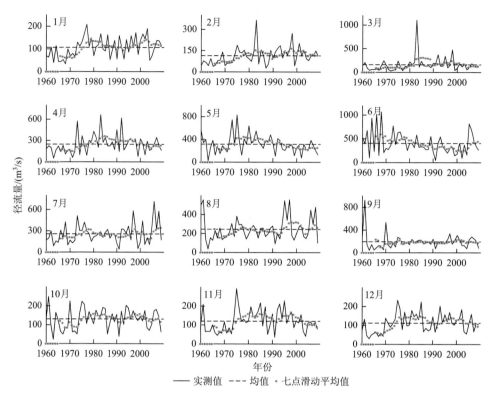

图 3-3　龙川水文站各月径流七点滑动平均

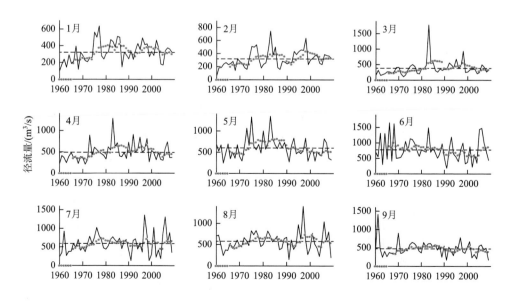

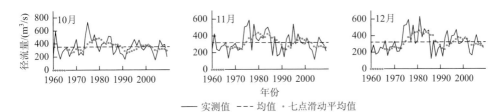

图 3-4 河源水文站各月径流七点滑动平均

异。5 月、8 月与 10 月七点滑动平均值整体趋势与河源水文站年径流七点滑动平均值整体趋势接近，皆为先增大后减小，无法判断趋势。6 月、7 月与 9 月七点滑动平均值趋势整体平坦化，推测这 3 个月可能不存在变异。

综上所述，从定性角度分析，河源水文站 1 月、2 月、3 月、4 月、11 月与 12 月可能存在变异，5 月、8 月与 10 月无法判断变异情况，6 月、7 月与 9 月可能不存在变异。

从图 3-5 可以看出，东江流域岭下水文站 1 月、2 月、3 月、4 月、5 月、10 月、11 月与 12 月七点滑动平均值在 1970～1985 年趋势与岭下水文站年径流七点滑动平均值整体趋势类似，皆为上升趋势，且 1980～1985 年大部分七点滑动平均值皆高

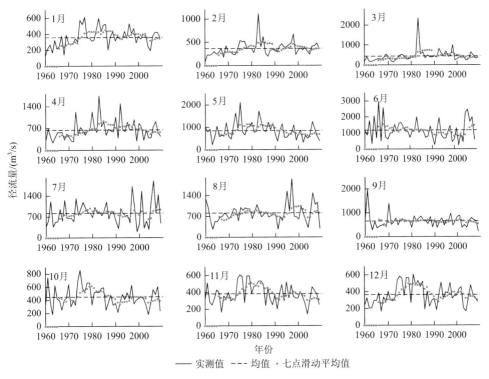

图 3-5 岭下水文站各月径流七点滑动平均

于均值。其中，1 月、2 月、4 月七点滑动平均值高于均值的数量较多，七点滑动平均值趋势整体向上，定性判断这 3 个月存在变异。3 月、5 月、10 月、11 月、12 月七点滑动平均值整体趋势与岭下水文站年径流七点滑动平均值整体趋势接近，皆为先增大后减小，无法判断趋势。6 月、7 月、8 月与 9 月七点滑动平均值整体上在实测均值附近，其中，6 月、7 月与 9 月七点滑动平均值趋势整体上为平坦化，推测这 3 个月可能不存在变异。8 月七点滑动平均值在 1990 年后呈先增加再减少趋势，无法判断变异情况。

综上所述，从定性角度分析，岭下水文站 1 月、2 月、4 月可能存在变异，3 月、5 月、8 月、10 月、11 月与 12 月无法判断变异情况，6 月、7 月与 9 月可能不存在变异。

从图 3-6 可以看出，东江流域博罗水文站 1 月、2 月、3 月、4 月、5 月、10 月、11 月与 12 月七点滑动平均值在 1970～1985 年趋势与博罗水文站年径流七点滑动平均值整体趋势类似，皆为上升趋势，且 1980～1985 年大部分七点滑动平均值皆高于均值。其中，1 月、2 月、3 月、4 月与 12 月七点滑动平均值高于均值的数量较多，七点滑动平均值趋势整体向上，定性判断这 5 个月存在变异。5 月、10 月与

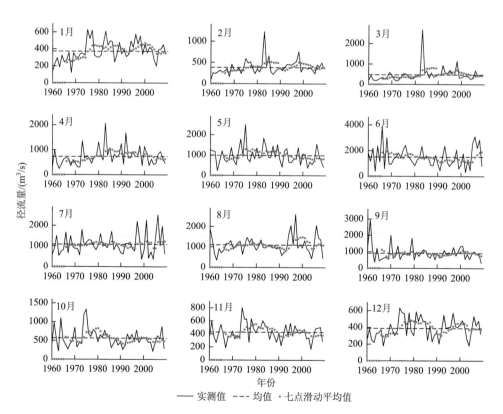

图 3-6　博罗水文站各月径流七点滑动平均

11 月七点滑动平均值整体趋势与博罗水文站年径流七点滑动平均值整体趋势接近，皆为先增大后减小，无法判断趋势。6 月、7 月、8 月与 9 月七点滑动平均值整体上在实测均值附近，其中，6 月、7 月与 9 月七点滑动平均值趋势整体上为平坦化，推测这 3 个月可能不存在变异。8 月七点滑动平均值在 1990 年后呈先增加再减小趋势，无法判断变异情况。

综上所述，从定性角度分析，博罗水文站 1 月、2 月、3 月、4 月与 12 月可能存在变异，5 月、8 月、10 月、11 月无法判断变异情况，6 月、7 月与 9 月可能不存在变异。

本书使用 Hurst 系数法对东江流域 4 个水文站点年径流、各月月径流进行变异分析，结果见表 3-2。

表 3-2　东江流域各序列 Hurst 系数及变异程度

均值	Hurst 系数				变异程度			
	龙川	河源	岭下	博罗	龙川	河源	岭下	博罗
年径流	0.72	0.76	0.70	0.64	中变异	中变异	弱变异	无变异
1 月径流	0.79	0.81	0.82	0.82	中变异	中变异	中变异	中变异
2 月径流	0.75	0.75	0.75	0.71	中变异	中变异	中变异	弱变异
3 月径流	0.72	0.75	0.74	0.73	中变异	中变异	中变异	中变异
4 月径流	0.77	0.79	0.78	0.77	中变异	中变异	中变异	中变异
5 月径流	0.80	0.80	0.80	0.73	中变异	中变异	中变异	中变异
6 月径流	0.70	0.63	0.64	0.65	弱变异	无变异	无变异	无变异
7 月径流	0.62	0.60	0.57	0.54	无变异	无变异	无变异	无变异
8 月径流	0.67	0.67	0.67	0.68	无变异	无变异	无变异	无变异
9 月径流	0.53	0.56	0.52	0.56	无变异	无变异	无变异	无变异
10 月径流	0.70	0.76	0.74	0.70	弱变异	中变异	中变异	弱变异
11 月径流	0.83	0.78	0.79	0.73	中变异	中变异	中变异	中变异
12 月径流	0.81	0.81	0.80	0.74	中变异	中变异	中变异	中变异

从表 3-2 可知，东江流域 4 个水文站点的年径流 Hurst 系数从上游到下游呈现先增加后减少的趋势，其中，中游河源水文站年径流 Hurst 系数最大，为 0.76，变异程度为中变异，下游博罗站年径流 Hurst 系数最小，为 0.64，判定为无变异。

仅从年径流 Hurst 系数分析东江流域 4 个水文站点变异情况无法确定其最终径流序列的变异程度，因此选取 4 个水文站点 12 个月的径流序列做进一步分析。

在 12 个月当中，4 个水文站点夏季与秋季中的 7 月、8 月、9 月的 Hurst 系数皆不高于 0.68，其中龙川水文站、河源水文站与岭下水文站 9 月的 Hurst 系数在

3 个月中最低，分别为 0.53、0.56 与 0.52，博罗水文站 7 月与 9 月的 Hurst 系数也较低，分别为 0.54 与 0.56，根据谢平等[6]提出的变异程度分级，龙川水文站、河源水文站、岭下水文站、博罗水文站 7 月、8 月与 9 月径流序列变异程度均为无变异。4 个水文站点冬季（12 月、1 月、2 月）径流序列变异程度最大，除博罗水文站 11 月与 12 月径流序列 Hurst 系数仅为 0.73 与 0.74 外，其余各水文站点冬季 Hurst 系数均不低于 0.79。龙川水文站、河源水文站、岭下水文站、博罗水文站春季（3 月、4 月、5 月）径流序列 Hurst 变异程度均为中变异，其中，4 月与 5 月 Hurst 系数较高，3 月较低。虽然博罗水文站年径流序列无变异，但是除 7 月、8 月、9 月外，其余各月径流序列皆存在变异，其中，2 月与 10 月径流序列为弱变异，1 月、3 月、4 月、5 月、6 月、11 月与 12 月径流序列为中变异。

河源水文站与岭下水文站除 7 月、8 月、9 月外，其余各月皆为中变异，龙川水文站 7 月、8 月、9 月径流序列为无变异，6 月与 10 月为弱变异，其余各月为中变异。

综上所述，东江流域 4 个水文站点年径流序列变异程度随流域上游到下游呈现先增加后减小的趋势，河源水文站变异程度最大，Hurst 系数为 0.76，为中变异；博罗水文站 Hurst 系数仅为 0.64，序列无变异。流域年径流序列变异情况不能表明水文站点径流最终变异程度，4 个水文站点除夏季与秋季的 7 月、8 月与 9 月无变异外，其余各月皆存在变异。针对变异的径流序列，本书将进行详细的趋势诊断和突变诊断进一步分析。

3.2 序列详细诊断

详细诊断分为趋势诊断和突变诊断。采用线性趋势回归法、斯皮尔曼秩次相关法和肯德尔秩次相关法对东江流域 4 个水文站点变异径流序列进行趋势诊断，采用 M-K 法、有序聚类法、滑动游程检验法、滑动 T 检验法、滑动 F 检验法和李-海哈林检验法对变异径流序列进行突变诊断。

首先使用 3 种趋势诊断方法对东江流域 4 个水文站点变异径流序列进行分析，计算上述检验方法的统计量，选择 $\alpha=0.05$ 的显著性水平，将统计量和临界值进行比较，得出趋势诊断结果。然后使用 6 种突变诊断方法进行分析，仍选择 $\alpha=0.05$ 的显著性水平，并根据诊断结果归纳各水文站点最可能的变异点，分析结果见表 3-3～表 3-6。

从表 3-3 可知，龙川水文站趋势变异不显著的径流序列包括年径流、3 月、4 月、5 月、6 月、10 月、11 月径流序列，趋势显著的径流序列包括 1 月、2 月和 12 月。龙川年径流序列突变诊断结果中 M-K 法、有序聚类法、滑动 T 检验法和李-海哈林检验法检测结果相同，都为 1972 年，滑动游程检验法和滑动 F 检验法检测的

突变年份分别为 1963 年与 1964 年。Hurst 系数较高的 1 月、4 月、5 月、11 月
与 12 月径流序列突变诊断结果与年径流结果类似,大部分检测方法所得突变年份在
1972~1974 年。虽然 3 月与 6 月突变诊断年份并不在 1972~1974 年,3 月突变年份
集中在 1979 年,6 月突变年份集中在 1978 年,但是考虑其 Hurst 系数较低,径
流序列的变异不大,因此划分龙川水文站基准期与突变期仍应选择 Hurst 系数较
高的几个月径流序列突变诊断结果。结合李析男[5]的研究结论,选择变异时间较
多的 1972 年作为龙川水文站的变异点,把 1960~1972 年划分为基准期,1973~
2009 年划分为影响期。

表 3-3   龙川水文站不同时间尺度径流变异诊断结果

详细诊断方法	年径流	1 月	2 月	3 月	4 月	5 月	6 月	10 月	11 月	12 月
线性趋势回归法	0.38	2.74	2.5	0.84	1.11	1.5	1.98	0.62	0.81	1.69
斯皮尔曼秩次相关法	0.54	2.83	3.39	1.50	1.64	1.53	1.46	0.79	1.18	1.91
斯皮尔曼秩次相关法趋势临界值	1.64	1.64	1.64	1.64	1.64	1.64	1.64	1.64	1.64	1.64
肯德尔秩次相关法	0.57	2.67	3.08	1.38	1.39	1.66	1.57	0.68	0.98	0.85
肯德尔秩次相关法趋势临界值	1.96	1.96	1.96	1.96	1.96	1.96	1.96	1.96	1.96	1.96
趋势变异程度	不显著	显著	显著	不显著	不显著	不显著	不显著	不显著	不显著	显著
M-K 法	1972	1972	1972	1978	1972	1964	1982	1973	1972	1969
有序聚类法	1972	1972	1973	1979	1972	1972	1978	1973	1973	1972
滑动游程检验法	1963	1968	1981	1975	1972	1972	1968	1965	1964	1969
滑动 T 检验法	1972	1972	1973	1979	1977	1972	1978	1973	1973	1972
滑动 F 检验法	1964	2004	1968	2004	1970	1972	1968	1964	2004	1972
李-海哈林检验法	1972	1972	1973	1979	1972	1966	1978	1973	1973	1972

从表 3-4 可知,河源水文站趋势变异不显著的径流序列包括年径流、4 月、
5 月、10 月、11 月径流序列,趋势显著的径流序列包括 1 月、2 月、3 月和 12 月。
河源水文站年径流序列突变诊断结果中有序聚类法、滑动游程检验法、滑动 F
检验法、滑动 T 检验法和李-海哈林检验法检测结果相同,都为 1972 年,M-K
法检测的突变年份为 1968 年。Hurst 系数较高的 1 月、2 月、4 月、5 月、11
月与 12 月径流序列突变诊断结果与年径流结果类似,大部分检测方法所得突
变年份在 1972~1974 年。其余 Hurst 系数较低的 3 月与 10 月径流序列大部分
检测方法所得的突变年份为 1973 年,结合李析男[5]的研究结论,选择变异时
间较多的 1972 年作为河源水文站的变异点,把 1960~1972 年划分为基准期,
1973~2009 年划分为影响期。

表 3-4　河源水文站不同时间尺度径流变异诊断结果

详细诊断方法	年径流	1 月	2 月	3 月	4 月	5 月	10 月	11 月	12 月
线性趋势回归法	0.57	2.09	2.5	1.4	1.56	0.78	0.5	0.25	1.69
斯皮尔曼秩次相关法	0.78	2.54	3.09	2.44	1.79	0.73	0.02	0.04	1.91
斯皮尔曼秩次相关法趋势临界值	1.64	1.64	1.64	1.64	1.64	1.64	1.64	1.64	1.64
肯德尔秩次相关法	0.89	2.45	2.79	2.38	1.78	0.88	0.06	0.09	0.85
肯德尔秩次相关法趋势临界值	1.96	1.96	1.96	1.96	1.96	1.96	1.96	1.96	1.96
趋势变异程度	不显著	显著	显著	显著	不显著	不显著	不显著	不显著	显著
M-K 法	1968	1965	1963	1966	1972	1965	1965	1972	1964
有序聚类法	1972	1974	1973	1973	1972	1989	1973	1973	1973
滑动游程检验法	1972	1974	1973	1974	2007	1972	1987	1964	1978
滑动 T 检验法	1972	1974	1973	1981	1972	1972	1973	1973	1985
滑动 F 检验法	1972	1966	1999	1968	1970	1984	1978	2004	1973
李-海哈林检验法	1972	1974	1973	1973	1972	1972	1973	1973	1973

　　从表 3-5 可知，岭下水文站趋势变异不显著的径流序列包括年径流、5 月、10 月、11 月径流序列，趋势显著的径流序列包括 1 月、2 月、3 月、4 月和 12 月。岭下水文站年径流序列突变诊断结果中有序聚类法、滑动 T 检验法和李-海哈林检验法检测结果相同，都为 1972 年，滑动 F 检验法、滑动游程检验法和 M-K 法检测的突变年份分别为 2003 年、1990 年与 1968 年。Hurst 系数较高的 1 月、2 月、4 月、5 月、12 月径流序列突变诊断结果与年径流结果类似，大部分检测方法所得突变年份在 1972～1974 年。虽然 3 月突变诊断年份集中在 1981 年，并不在 1972～1974 年，但是考虑其 Hurst 系数较低，径流序列的变异不大，而 10 月径流序列虽然 Hurst 系数较高，大部分突变年份为 1985 年，但是总结所有的检测结果分析，划分岭下水文站基准期与突变期仍应选择 Hurst 系数较高且突变年份接近的径流序列突变诊断结果。结合谭莹莹等[8]的研究结论，选择变异时间较多的 1972 年作为岭下水文站的变异点，把 1960～1972 年划分为基准期，1973～2009 年划分为影响期。

表 3-5　岭下水文站不同时间尺度径流变异诊断结果

详细诊断方法	年径流	1 月	2 月	3 月	4 月	5 月	10 月	11 月	12 月
线性趋势回归法	0.37	2.18	1.79	1.17	1.31	1.19	1.00	0.73	0.44
斯皮尔曼秩次相关法	0.51	2.58	2.69	2.5	1.97	1.13	0.67	0.43	0.62
斯皮尔曼秩次相关法趋势临界值	1.64	1.64	1.64	1.64	1.64	1.64	1.64	1.64	1.64
肯德尔秩次相关法	0.46	2.5	2.69	2.45	1.97	1.12	0.79	0.59	0.52
肯德尔秩次相关法趋势临界值	1.96	1.96	1.96	1.96	1.96	1.96	1.96	1.96	1.96
趋势变异程度	不显著	显著	显著	显著	显著	不显著	不显著	不显著	显著

续表

详细诊断方法	年径流	1月	2月	3月	4月	5月	10月	11月	12月
M-K 法	1968	1965	1964	1967	1972	1965	1985	1964	1965
有序聚类法	1972	1974	1973	1981	1972	1972	1985	1985	1973
滑动游程检验法	1990	1974	1973	1964	1972	1987	1984	1997	1963
滑动 T 检验法	1972	1974	1973	1981	1972	1972	1985	1985	1973
滑动 F 检验法	2003	1987	1999	1968	1970	1984	1964	1973	1965
李-海哈林检验法	1972	1974	1973	1981	1972	1972	1985	1985	1973

从表 3-6 可知，博罗水文站趋势变异不显著的径流序列包括 4 月、5 月、10 月、11 月和 12 月径流序列，趋势显著的径流序列包括 1 月、2 月、3 月。Hurst 系数较高的 1 月、2 月、4 月、5 月、11 月径流序列，大部分检测方法所得突变年份在 1972～1974 年。虽然 3 月与 10 月突变诊断年份并不在 1972～1974 年，3 月突变年份集中在 1981 年，10 月突变年份检测结果中相同的年份为 1985 年，但是考虑其 Hurst 系数较低，径流序列的变异不大，因此总结所有的检测结果分析，划分博罗水文站基准期与突变期仍应选择 Hurst 系数较高且突变年份接近的径流序列突变诊断结果。结合谭莹莹等[8]的研究结论，选择变异时间较多的 1973 年作为博罗水文站的变异点，把 1960～1973 年划分为基准期，1974～2009 年划分为影响期。

表 3-6　博罗水文站不同时间尺度径流变异诊断结果

详细诊断方法	1月	2月	3月	4月	5月	10月	11月	12月
线性趋势回归法	2.57	1.77	1.31	1.22	1.16	1.12	0.46	1.27
斯皮尔曼秩次相关法	3.19	2.75	3.06	1.73	1.13	0.33	0.11	1.61
斯皮尔曼秩次相关法趋势临界值	1.64	1.64	1.64	1.64	1.64	1.64	1.64	1.64
肯德尔秩次相关法	2.85	2.72	2.94	1.8	1.16	0.51	0.23	1.47
肯德尔秩次相关法趋势临界值	1.96	1.96	1.96	1.96	1.96	1.96	1.96	1.96
趋势变异程度	显著	显著	显著	不显著	不显著	不显著	不显著	不显著
M-K 法	1966	1964	1968	1972	1966	1967	1967	1967
有序聚类法	1972	1973	1981	1972	1989	1985	1973	1969
滑动游程检验法	1981	1973	2007	1972	1972	1969	2005	1973
滑动 T 检验法	1974	1981	1981	1972	1989	1983	1985	1973
滑动 F 检验法	1966	1999	1968	2002	1973	1975	1973	1965
李-海哈林检验法	1972	1973	1981	1972	1972	1985	1973	1969

3.3　成因调查分析

结合李析男[5]、谭莹莹等[8]、涂新军等[9]、王兆礼等[10]的研究结论，东江流域径流变异受流域降雨与气温影响较小，降雨或者气温的变异并不是径流变异的主要原因。同时，东江流域径流变异可能受以建设水库为主的人类活动的影响，因为枫树坝水库的建成时间与流域 4 个水文站点突变年份基本吻合。

综上所述，选取 1972 年作为东江流域龙川水文站、河源水文站、岭下水文站的突变年份，1973 年作为博罗水文站的突变年份。

参 考 文 献

[1] Milly P C D，Betancourt J，Falkenmark M，et al. Stationarity is dead：Whither water management?[J]. Science，2008，319（5863）：573-574.

[2] 谢平，陈广才，韩淑敏，等. 从潮白河年径流频率分布变化看北京市水资源安全问题[J]. 长江流域资源与环境，2006，（6）：713-717.

[3] 谢平，张波，陈海健，等. 基于极值同频率法的非一致性年径流过程设计方法——以跳跃变异为例[J]. 水利学报，2015，46（7）：828-835.

[4] 顾西辉，张强，陈晓宏，等. 气候变化与人类活动联合影响下东江流域非一致性洪水频率[J]. 热带地理，2014，34（6）：746-757.

[5] 李析男. 变化环境下非一致性水资源与洪旱问题研究[D]. 武汉：武汉大学，2014.

[6] 谢平，陈广才，雷红富，等. 水文变异诊断系统[J]. 水力发电学报，2010，29（1）：85-91.

[7] 黄强，孔波，樊晶晶. 水文要素变异综合诊断[J]. 人民黄河，2016，（10）：18-23.

[8] 谭莹莹，谢平，陈丽，等. 东江流域径流序列变异分析[J]. 变化环境下的水资源响应与可持续利用——中国水利学会水资源专业委员会 2009 学术年会论文集. 2009：98-104.

[9] 涂新军，陈晓宏，张强，等. 东江径流年内分配特征及影响因素贡献分解[J]. 水科学进展，2012，23（4）：493-501.

[10] 王兆礼，陈晓宏，杨涛. 东江流域径流系数变化特征及影响因素分析[J]. 水电能源科学，2010，28（8）：10-13.

第4章 东江流域基准期径流模拟与预测

由第 1 章可知，径流的预测与模拟是地表水文学重要的研究领域之一。由于径流量对地表潜在的影响大，范围广，如洪水、干旱、水沙侵蚀等，所以，如何提高径流预测的精度，从而为农业灌溉、工业需水、水资源开发与管理等提供重要科学依据，是当前国际水文科学的前沿与研究热点。本章根据第 3 章东江流域变异分析结果，选取东江流域 4 个水文站点（龙川、河源、岭下、博罗）基准期径流序列作为研究对象，由于 4 个水文站点基准期年径流序列长度较短，因此将日径流序列与月径流序列用于分析。使用数学统计模型和集总式水文模型对流域水文站点日径流序列与月径流序列进行单因子和多因子条件下的径流模拟及预测，从而定量评价不同模型在东江流域不同条件下的适用性。

4.1 研 究 方 法

4.1.1 GR4J 水文模型

GR4J 水文模型是 Perrin 等于 2003 年开发的水文模型[1,2]，由于仅有 4 个参数，且结构简单，因此已在国外多个区域被应用于洪水预报等方面的研究[3-5]。GR4J 的 4 个参数分别是：蓄水容量（X_1，mm）、地下水交换系数（X_2，mm）、前一天地下水容量（X_3，mm）及水文过程线的时间基准（X_4，d）。

GR4J 水文模型中，降水 P(mm) 除去拦截和蒸发的净降雨 P_n(mm) 中的一部分 P_S(mm) 进入蓄水水库，剩余的一部分通过入渗进入产流水库 P_r，其中，进入蓄水水库的实际蒸发量 E_S 和水量 P_S 都由蓄水水库水量 S(mm) 决定，其公式如下：

$$P_S = \frac{X_1 \left[1 - \left(\frac{S}{X_1} \right)^2 \right] \tanh \left(\frac{P_n}{X_1} \right)}{1 + \frac{S}{X_1} \cdot \tanh \left(\frac{P_n}{X_1} \right)} \tag{4-1}$$

$$E_S = \frac{S \cdot \left(2 - \frac{S}{X_1} \right) \cdot \tanh \left(\frac{E_n}{X_1} \right)}{1 + \left(1 - \frac{S}{X_1} \right) \cdot \tanh \left(\frac{E_n}{X_1} \right)} \tag{4-2}$$

式中，E_n(mm) 为蒸散发能力。蓄水水库的部分水量下渗到产流水库，其中，下渗水 Perc 计算公式为

$$\text{Perc} = S \left\{ 1 - \left[1 + \left(\frac{4}{9} \cdot \frac{S}{X_1} \right)^4 \right]^{-0.25} \right\} \tag{4-3}$$

GR4J 水文模型的产流分为两部分，产流水库中 90% 的水体的出流过程是由线性的单位线 UH1 和非线性的单位线共同控制的，产流水库中剩余 10% 的水体的出流过程是由单一的单位线 UH2 控制。UH1 和 UH2 的计算公式如下：

$$\text{UH1} = \text{SH1}(i) - \text{SH1}(i-1) \tag{4-4}$$

$$\text{UH2} = \text{SH2}(i) - \text{SH2}(i-1) \tag{4-5}$$

式中，SH1 和 SH2 为单位线 UH1 和 UH2 相对应的 S 曲线（输入累积曲线）。其中，SH1 的计算公式为

当 $t \leqslant 0$，则 $\text{SH1}(t) = 0$；当 $0 < t \leqslant X_4$，则 $\text{SH1}(t) = \left(\dfrac{t}{X_4} \right)^{2.5}$；当 $t > X_4$，则 $\text{SH1}(t) = 1$。

SH2 的计算公式为

当 $t \leqslant 0$，则 $\text{SH2}(t) = 0$；当 $0 < t \leqslant X_4$，则 $\text{SH2}(t) = 0.5 \cdot \left(\dfrac{t}{X_4} \right)^{0.25}$；当 $X_4 < t < 2X_4$，则 $\text{SH2}(t) = 1 - 0.5 \cdot \left(\dfrac{2-t}{X_4} \right)^{2.5}$；当 $t \geqslant X_4$，则 $\text{SH2}(t) = 1$。

其中，90% 和 10% 这两部分地下水同时有交换过程，交换量 F 为

$$F = X_2 \cdot \left(\frac{R}{X_3} \right)^{3.5} \tag{4-6}$$

式中，R 为产流水库的水量（mm）。最后总的径流量为 UH1 和 UH2 的总和。

4.1.2 多元线性回归

在径流序列模拟与预测中，由于影响因子具有多样性和复杂性，一般需要考虑影响因子与预测对象之间是否存在相关的联系。而多元线性回归（multiple linear regression，MLR）假定两者存在线性关系，通过回归预测，求出误差最小的线性预测结果，方法简单有效[6]。

对 n 个预测因子 $x_1, x_2, \cdots, x_n$ 与预测对象 y 建立线性方程，其线性方程为

$$y = B_0 + B_1 x_1 + \cdots + B_n x_n + \varepsilon \tag{4-7}$$

式中，$B_0, B_1, \cdots, B_n$ 为回归系数；ε 为随机误差。式（4-7）为 n 元线性回归方程。

通过 m 次代入预测因子与预测对象数据对回归系数进行估计，得

$$y_1 = B_0 + B_1 x_{11} + B_2 x_{12} + \cdots + B_n x_{mn} + \varepsilon_1$$
$$y_2 = B_0 + B_1 x_{21} + B_2 x_{22} + \cdots + B_n x_{mn} + \varepsilon_2$$
$$\vdots$$
$$y_m = B_0 + B_1 x_{n1} + B_2 x_{n2} + \cdots + B_n x_{mn} + \varepsilon_m$$

（4-8）

对 $B_0, B_1, B_2, \cdots, B_n$ 进行最小二乘估计，得出方程回归系数 $\hat{b}_0, \hat{b}_1, \cdots, \hat{b}_n$，有

$$\hat{y} = \hat{b}_0 + \hat{b}_1 x_1 + \hat{b}_2 x_2 + \cdots + \hat{b}_n x_n$$

（4-9）

式中，$\hat{y}$ 为预测值；$\hat{b}_0, \hat{b}_1, \cdots, \hat{b}_n$ 为回归系数；x_n 为预测因子。

4.1.3　人工神经网络

人工神经网络（artificial neural network，ANN）是类似于生物学上人脑的网络结构，通过对人脑的模仿处理非线性的信息，具有很好的表现能力。传统的人工神经网络由一系列特定排列的节点构成，通常分为一层神经网络、双层神经网络和多层神经网络。按信息在人工神经网络中的流动与处理方式分类，人工神经网络可以分成混合网络、前馈网络与后馈网络。本书所使用的是前馈网络。

前馈网络的节点通常在层与层之间排列，信息从第一个输入层开始传递，最后在输出层输出结果。在输入层与输出层间有多个隐含层，每个隐含层有一个到多个节点。节点从输入层到输出层的连接只在不同层之间进行，因此输出层的其中一个节点信息只与输入层和隐含层的数据信息有关。本书使用的前馈网络是误差反遗传前馈网络，也称 BP 神经网络，它基于误差反遗传算法，在水文预报中，我们选择三层 BP 神经网络进行预测[6]（图 4-1）。

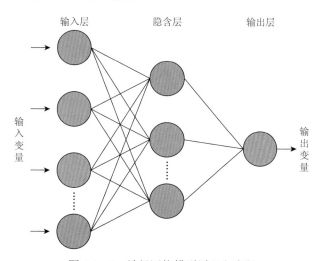

图 4-1　BP 神经网络模型原理和流程

4.1.4　支持向量机

支持向量机（support vector machine，SVM）是建立在统计学习理论基础上的数据挖掘回归方法，最初由 Vapnik 于 1995 年提出[7]，它能有效解决"维数灾"和"过学习"问题，在有限信息内解决回归问题。

4.1.5　最小二乘支持向量机

最小二乘支持向量机（least square support vector machine，LSSVM）是一种新式的回归模型[8]。类似于支持向量机，最小二乘支持向量机也是把一系列历史序列输入变量作为训练集，径流序列作为输出变量进行建模，然后构造模型进行预测。但是，它在利用结构风险原则时，对优化目标选取不同的损失函数，把不等式约束变成等式约束。

4.1.6　自适应神经模糊推理系统

Roger 提出的自适应神经模糊推理系统（adaptive neuro fuzzy inference system，ANFIS）是 Sugeno 型模糊系统[9]，ANFIS 的结构可分为 5 层。

第 1 层：将输入变量模糊化，并输出对应的隶属度。

第 2 层：实现条件部分的模糊集运算，输出每条规则的适用度。

第 3 层：将各条规则的适用度归一化，输出归一化适用度。

第 4 层：去模糊运算，计算每条规则的输出。

第 5 层：计算自适应神经模糊推理系统的总输出，即所有规则的输出之和。最后通过某种算法训练 ANFIS，可以按指定的指标得到这些参数值，进而达到模糊建模的目的。

4.1.7　泰森多边形法

泰森多边形（Theissen polygons）法又称垂直平分法或加权平均法，该法求得各气象站的面积权重系数，然后用各站点气象数据与该站所占面积权重相乘后累加即得[10]。设每个气象站都以其所在的多边形为控制面积 B，B 与全流域的面积 A 之比为

$$f = B / A \qquad (4\text{-}10)$$

式中，f 为该气象站的权重数。最终所求得的流域平均气象量为

$$P = f_1 P_1 + f_2 P_2 + \cdots + f_n P_n \qquad (4\text{-}11)$$

式中，$f_1, f_2, \cdots, f_n$ 分别为各气象站用多边形面积计算的权重系数；$P_1, P_2, \cdots, P_n$ 为各气象站同一时期的气象值；P 为流域平均气象量。

4.1.8　反距离权重法

在地学研究中，较常用的方法为反距离权重法（inverse distance weighted，IDW），该方法根据数据点之间的空间距离远近加权后进行插值，距离中心越近的点，其估算值越受影响，中心点的影响随距离变远而减小[10]。反距离权重法插值的计算公式为

$$z(x_0) = \sum_{i=1}^{n} \frac{z(x_i)}{d_{i_0}} \bigg/ \sum_{i=1}^{n} \frac{1}{(d_{i_0})^p} \qquad (4\text{-}12)$$

式中，$z(x_0)$ 为插值点的预估值；$z(x_i)(i = 1, 2, 3, \cdots, n)$ 为实测样本值，n 为参与插值的实测样本数；d_{i_0} 为插值点与第 i_0 个站点之间的距离；p 为距离的幂，插值的结果受 p 影响，p 越大内插后的效果越平滑，反之，p 越小，内插后的效果越尖锐，一般根据最小平均绝对误差的大小确定 p。在本书中，采用 $p = 2$ 用于研究。

4.1.9　普通克里金插值法

普通克里金（ordinary Kriging）插值法是区域化变量的线性估计，由法国地理学家 Matheron 和南非矿山工程师 Krige 提出，最初用于矿山勘探。它假设数据变化呈正态分布，通过对数据的空间分析获取权重值，插值的整个过程相当于在未知区域化变量 Z 的期望值时对样点进行加权滑动求取平均值的过程[10]。普通克里金插值法的公式为

$$Z(x_0) = \sum_{i=1}^{n} \lambda_i Z(x_i) \qquad (4\text{-}13)$$

$$\sum_{i=1}^{n} \lambda_i = 1 \qquad (4\text{-}14)$$

式中，$Z(x_0)$ 为待插值点的估计值；$Z(x_i)$ 为第 i 个样本点的实测值；n 为参与插值的实测样本数；λ_i 为第 i 个样本点的权重系数。权重系数 λ_i 的选择必须保证 $Z(x_0)$ 能进行无偏估计，且估计的方差小于其他线性组合生成的方差。

4.1.10　相关系数

每个模型的预测或模拟性能通过相关系数（R）来评估，相关系数被广泛应

用于时间序列预测或模拟的评价，其公式为

$$R = \frac{\frac{1}{n}\sum_{i=1}^{z}(y_i - \overline{y})(x_i - \overline{x})}{\sqrt{\frac{1}{n}\sum_{i=1}^{z}(y_i - \overline{y})^2}\sqrt{\frac{1}{n}\sum_{i=1}^{z}(x_i - \overline{x})^2}} \tag{4-15}$$

式中，y_i 为第 i 个数据点的预测值；$\overline{y}$ 为预测数据平均值；x_i 为第 i 个数据点的实际值；$\overline{x}$ 为实际数据平均值；z 为数据点数量。相关系数越接近 1，表明模型拟合程度越高。

4.1.11　均方根误差

均方根误差（root mean squared error，RMSE）是用来衡量实测值与预测值或模拟值之间的偏差，其公式为

$$\text{RMSE} = \sqrt{\frac{1}{n}\sum_{t=1}^{n}(\text{实测值}_t - \text{预测值}_t)^2} \tag{4-16}$$

4.1.12　纳什系数

纳什系数（Nash-Sutcliffe efficiency coefficient，NSE）一般用以验证水文模型模拟结果的好坏，其公式为

$$\text{NSE} = 1 - \frac{\sum_{i=1}^{n}(Q_{m,i} - Q_{s,i})^2}{\sum_{i=1}^{n}(Q_{m,i} - \overline{Q}_m)^2} \tag{4-17}$$

式中，$Q_{m,i}$ 为 i 时刻的实测流量；$Q_{s,i}$ 为 i 时刻的模拟流量；$\overline{Q}_m$ 为实测平均流量；n 为时段数。

4.2　基准期单因子径流预测研究

4.2.1　日径流预测模型构建

在缺乏其他气象数据（蒸发、降雨等）而仅有径流序列的情况下，水文模型无法使用，只能使用数学统计模型进行径流模拟与预测。本书采用几组常用的数学统计模型对东江流域 4 个水文站点（龙川、河源、岭下、博罗）基准期进行滞

后期为 1d、2d、3d 的日径流预测，把径流滞后期序列作为输入因子，径流非滞后期序列作为输出变量，其组合细节见表 4-1。

表 4-1　各模型组合细节

滞后期/d	输入因子	输出变量
1	Q_{t-1}	Q_t
2	Q_{t-2}	Q_t
3	Q_{t-3}	Q_t

注：Q_t、Q_{t-1}、Q_{t-2}、Q_{t-3} 分别为径流 t 时段、$t-1$ 时段、$t-2$ 时段与 $t-3$ 时段序列。

由于最小二乘支持向量机模型是支持向量机的优化模型，因此仅选取最小二乘支持向量机模型进行研究，同时采用多元线性回归模型、人工神经网络模型、自适应神经模糊推理系统模型进行日径流预测。由于龙川水文站、河源水文站、岭下水文站的突变点皆为 1972 年，博罗水文站的突变点为 1973 年，为了序列一致原则，统一选择 1960～1972 年作为研究时间，以 1960～1969 年作为模型的率定期，以 1970～1972 年作为模型的验证期。通过相关系数、纳什系数和均方根误差研究各模型在单因子条件下东江流域上、中、下游不同滞后期的预测精度优劣情况。

基于东江流域 4 个水文站点（龙川水文站、河源水文站、岭下水文站、博罗水文站）基准期（1960～1972 年）日径流数据，选择数学统计模型合适的模型结构对径流序列进行预测。

人工神经网络：以 4 个水文站点的不同滞后期日径流量为网络输入层的 1 个神经元，4 个水文站点的日径流量作为网络输出层的 1 个神经元，隐含层选择 5 层，构造一个 1-5-1 的反馈神经网络模型，以 1960～1969 年数据作为学习训练集，把学习训练集 80%数据进行训练，20%数据进行测试，训练步长为 1000 步，使用列文伯格-马夸尔特反向传播算法（LMBP）[11]进行模型训练。

自适应神经模糊推理系统：仍以 4 个水文站点的不同滞后期日径流量为网络输入层的 1 个神经元，4 个水文站点的日径流量作为网络输出层的 1 个神经元，选择钟形（gbellmf）隶属函数，输入隶属函数个数为 5，结合 MATLAB 软件中基于 Sugeno 模型的模糊神经网络实现算法进行模型训练。

最小二乘支持向量机：在最小支持向量机中，最常用的核函数为径向基函数（radial basis function，RBF），为此，本书选择 RBF 作为核函数，两个参数 γ 与 σ^2 不设置区间范围，使用 MATLAB LSSVM 工具箱进行寻优求解，结果见表 4-2。

表 4-2　东江流域 LSSVM 模型日径流预测参数

水文站点	滞后期/d	γ	σ^2
龙川	1	1.8500	381.9800
	2	1.8300	38.3500
	3	0.0015	197.3300
河源	1	35.1600	0.0016
	2	1.2300	68.3800
	3	0.0026	248.0300
岭下	1	4.7900	346.7400
	2	0.0026	0.2200
	3	0.0016	0.0020
博罗	1	145.1900	0.0026
	2	0.0015	775.3100
	3	0.0029	0.0017

多元线性回归模型：以 4 个水文站点的不同滞后期日径流量为预测因子，4 个水文站点的日径流量作为预测对象构建多元线性回归模型，各组滞后期模型回归系数见表 4-3。

表 4-3　东江流域 MLR 模型日径流预测回归系数

水文站点	滞后期/d	b_0	b_1
龙川	1	41.12	0.77
	2	83.94	0.52
	3	101.2	0.43
河源	1	72.78	0.81
	2	150.89	0.61
	3	192.69	0.51
岭下	1	62.57	0.89
	2	135.49	0.75
	3	193.91	0.64
博罗	1	36.42	0.95
	2	113.53	0.84
	3	189.22	0.73

使用构建好的 ANN、ANFIS、LSSVM 与 MLR 模型对东江流域 4 个水文站点 1960～1969 年进行滞后期为 1d、2d、3d 的单因子日径流预测模型率定，通过 R 与 NSE 评价模型率定结果，其率定结果见表 4-4。

表 4-4　东江流域 1960～1969 年日径流预测模型性能

水文站点	研究方法	1960～1969 年率定期					
		1d 滞后期		2d 滞后期		3d 滞后期	
		R	NSE	R	NSE	R	NSE
龙川	ANN	0.82	0.67	0.61	0.37	0.52	0.27
	ANFIS	0.77	0.59	0.59	0.33	0.51	0.25
	LSSVM	0.78	0.61	0.6	0.36	0.52	0.27
	MLR	0.77	0.59	0.52	0.27	0.43	0.18
河源	ANN	0.84	0.70	0.68	0.46	0.59	0.35
	ANFIS	0.81	0.66	0.66	0.43	0.58	0.34
	LSSVM	0.82	0.68	0.67	0.45	0.58	0.34
	MLR	0.81	0.66	0.61	0.38	0.51	0.26
岭下	ANN	0.89	0.80	0.77	0.60	0.68	0.46
	ANFIS	0.89	0.79	0.76	0.58	0.67	0.45
	LSSVM	0.89	0.79	0.81	0.65	0.67	0.45
	MLR	0.88	0.78	0.75	0.56	0.64	0.41
博罗	ANN	0.95	0.90	0.84	0.70	0.74	0.54
	ANFIS	0.95	0.90	0.84	0.70	0.73	0.53
	LSSVM	0.95	0.90	0.84	0.70	0.74	0.54
	MLR	0.95	0.90	0.84	0.70	0.73	0.53

4.2.2　日径流预测结果

在径流预测中，峰值预测较难，枯值预测较易。为了获取模型预测细节情况，选取东江流域 4 个水文站点模型验证期 1970～1972 年预测结果中具有峰值的年份进行研究。从图 4-2 可知，龙川水文站、岭下水文站与博罗水文站峰值年份发生在 1970 年，峰值分别为 2290m³/s、4230m³/s、5880m³/s，河源水文站峰值年份发生在 1972 年，峰值为 4513m³/s。因此，选取验证期 1970 年日径流预测结果用于龙川水文站、岭下水文站、博罗水文站细节研究，选取验证期 1972 年日径流结果用于河源水文站细节研究。

从图 4-3 可以看出，随着滞后期的增加，龙川水文站 4 组模型（ANFIS、ANN、LSSVM 与 MLR）预测结果精度逐渐下降，其中，枯水期的预测均值结果随滞后期的增加变化较小，枯水期径流实测均值为 127.93m³/s，1d 滞后期条件下的 ANFIS 预测均值为 138.92m³/s，ANN 预测均值为 130.28m³/s，LSSVM 预测均值为 138.29m³/s，MLR 预测均值为 127.93m³/s，4 组模型相对应的枯水期相对误差分别为 0.19、0.15、

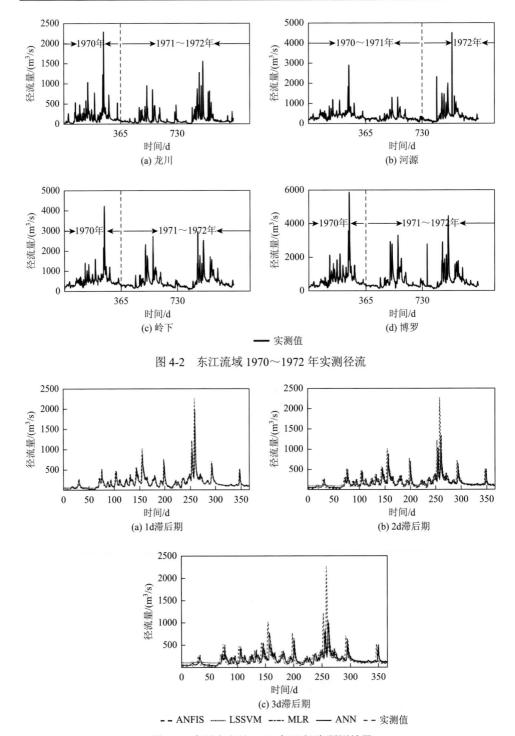

图 4-2　东江流域 1970～1972 年实测径流

图 4-3　龙川水文站 1970 年日径流预测结果

0.34 与 0.38，ANN 最优，ANFIS 次之。虽然 2d 滞后期各组模型预测均值与 1d 滞后期预测均值相比相差不大，ANFIS 预测均值为 145.58m³/s，ANN 预测均值为 130.02m³/s，LSSVM 预测均值为 144.94m³/s，MLR 预测均值为 150.97m³/s，但是 4 组模型的相对误差随着滞后期的增加逐渐增大，4 组模型相对误差分别为 0.42、0.40、0.40 与 0.73。3d 滞后期与 2d 滞后期结果相比，4 组模型相对误差更大，但是 ANN 的相对误差为 0.44，优于 2d 滞后期 LSSVM 与 MLR 的结果，其他 3 组模型中，MLR 的相对误差最大，为 0.89，ANFIS 与 LSSVM 结果相近，分别为 0.555 与 0.556。丰水期实测均值与 4 组模型预测均值不同滞后期结果相差不大，龙川水文站丰水期实测均值为 258.38m³/s，1d 滞后期的 4 组模型（ANFIS、ANN、LSSVM、MLR）预测均值分别为 260.02m³/s、253.47m³/s、244.71m³/s、238.50m³/s。而预测效果最差的 3d 滞后期各组模型预测均值也皆高于 220m³/s，接近于丰水期实测均值。其中，相比 ANN，2d 与 3d 滞后期 ANFIS 与 LSSVM 预测均值结果更接近实测均值，2d 滞后期 ANFIS 和 LSSVM 预测均值为 257.25m³/s 和 252.88m³/s，ANN 为 211.32m³/s，3d 滞后期 ANFIS 与 LSSVM 预测均值为 256.75m³/s 和 252.91m³/s，ANN 为 220.03m³/s。虽然 2d 滞后期与 3d 滞后期 ANN 预测均值并不接近实测均值，但是 ANN 的相对误差相比其他 3 组模型更低，1d、2d、3d ANN 的相对误差为 0.26、0.37 与 0.51，而 ANFIS 分别为 0.29、0.48 与 0.62，LSSVM 与 ANFIS 结果相近，不做详述。虽然 MLR 是传统数学统计模型，但是其丰水期相对误差并不高，1d、2d、3d MLR 的相对误差为 0.27、0.42 与 0.50。

综上所述，龙川水文站 1970 年枯水期与丰水期实测均值与 4 组模型预测均值相差不大，但是相对误差随着滞后期的增大而增大，其中，ANN 在不同滞后期丰枯水期径流均具有较低的相对误差，虽然 MLR 仅为传统数学统计模型，但是其不同滞后期相对误差均低于 ANFIS 与 LSSVM，表明 MLR 在基准期不受径流非一致性条件影响下的预测结果较好，模型精度较高。

从图 4-4 可以看出，随着滞后期的增加，河源水文站 4 组模型（ANFIS、ANN、LSSVM 与 MLR）预测结果精度逐渐下降。其中，枯水期的预测均值结果随滞后期的增加变化较小，枯水期径流实测值为 207.29m³/s，1d 滞后期条件下的 ANFIS 预测均值为 217.68m³/s，ANN 预测均值为 216.23m³/s，LSSVM 的预测均值为 232.92m³/s，MLR 的预测均值为 242.22m³/s，4 组模型相对应的枯水期相对误差分别为 0.14、0.14、0.21 与 0.27，ANN 最优，ANFIS 次之。虽然 2d 滞后期各组模型预测均值与 1d 滞后期预测均值相比相差不大，ANFIS 预测均值 240.3m³/s，ANN 为 236.60m³/s，LSSVM 为 246.24m³/s，MLR 为 279.29m³/s，但是 4 组模型的相对误差随着滞后期的增加逐渐增大，4 组模型相对误差分别为 0.29、0.27、0.32 与 0.52。3d 滞后期与 2d 滞后期结果相比，4 组模型相对误差更大，但是 ANFIS、ANN、LSSVM 的相对误差分别为 0.40、0.37 与 0.35，优于 2d 滞后期 MLR 的结果，而 3d 滞后期 MLR 的相对误差最大，为 0.66。与龙川水文站相比，河源水文站 2d 与 3d 滞后期枯水期模型预测结果相对误差较低，以 ANN 为例，龙川水文站 2d 与 3d 滞后期 ANN 枯水期相对误差分别为 0.40 与 0.44，而河源水文站 ANN 相对误差分别为 0.27 与 0.37。除 MLR 外，丰水期实测均值与 4 组模型预测均值不同滞后期结果相差不大，河源水文站丰水期实测均值为 534.1m³/s，1d 滞后期的 4 组模型（ANFIS、ANN、LSSVM、MLR）预测均值分别为 527.33m³/s、527.08m³/s、515.61m³/s、506.13m³/s。而预测效果最差的 3d 滞后期 4 组模型中，除 MLR 结果较差，为 460.78m³/s 外，其他 3 组模型预测均值也皆高于 500m³/s，接近于丰水期实测均值。其中，2d 与 3d 滞后期的 ANN 预测均值结果更接近实测均值，2d 与 3d 滞后期 ANN 预测均值分别为 523.31m³/s 和 510.61m³/s。虽然不同滞后期枯水期 MLR 的相对误差较大，但是在丰水期不同滞后期 MLR 的相对误差相比其他 3 组模型更为接近，1d、2d、3d MLR 的相对误差为 0.22、0.33 与 0.39，而 ANN 分别为 0.21、0.32 与 0.40，ANFIS、LSSVM 与 ANN 相对误差结果相近，不做详述。

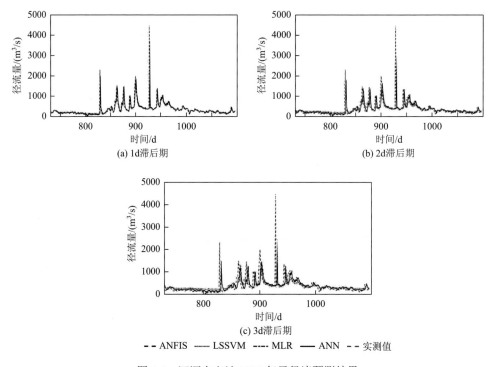

图4-4　河源水文站 1972 年日径流预测结果

　　综上所述，河源水文站 1972 年枯水期实测均值与 4 组模型预测均值相差不大，丰水期实测均值除 MLR 外，其余模型预测均值也和实测均值相差不大。相对误差随着滞后期的增大而增大，其中，ANN 在不同滞后期丰枯水期径流均具有较低的相对误差，MLR 在枯水期不同滞后期的相对误差明显高于其他 3 组模型，而丰水期的相对误差与其他 3 组模型相差不大。

从图 4-5 可以看出，随着滞后期的增加，岭下水文站 4 组模型（ANFIS、ANN、LSSVM 与 MLR）预测结果精度逐渐下降，虽然岭下水文站枯水期与丰水期径流量增大，但是不同滞后期模型相对误差低于龙川水文站与河源水文站。其中，相比于龙川水文站与河源水文站，枯水期的预测均值结果随滞后期的增加变化较小，枯水期径流实测均值为 417.78m³/s，1d 滞后期条件下的 ANFIS 预测均值为 431.6036m³/s，ANN 预测均值为 431.84m³/s，LSSVM 的预测均值为 431.73m³/s，MLR 的预测均值为 431.96m³/s，4 组模型相对应的枯水期相对误差分别为 0.0881、0.0908、0.0927 与 0.0979，4 组模型相对误差均低于 0.1，且 ANFIS 最优，ANN 次之。虽然 2d 滞后期各组模型预测均值与 1d 滞后期预测均值相比相差不大，ANFIS 预测均值为 449.88m³/s，ANN 为 452.48m³/s，LSSVM 为 455.26m³/s，MLR 为 448.76m³/s，但是 4 组模型的相对误差随着滞后期的增加逐渐增大，4 组模型相对误差均高于 0.15，分别为 0.16、0.16、0.17 与 0.18。3d 滞后期与 2d 滞后期结果相比，4 组模型相对误差更大，其中，MLR 的相对误差最大，为 0.24，ANN 为 0.23，ANFIS 与 LSSVM 结果相近，分别为 0.22 与 0.21。相比龙川水文站与河源水文站枯水期模型相对误差结果可知，MLR 在岭下水文站具有更好的预测效果，岭下水文站不同滞后期 MLR 相对误差与其他 3 组模型相差不大。丰水期实测均值与 4 组模型预测均值不同滞后期的结果相差不大，岭下水文站丰水期实测均值为 711.27m³/s，1d 滞后期的 4 组模型（ANFIS、ANN、LSSVM、MLR）预测均值分别为 713.16m³/s、713.92m³/s、699.72m³/s、689.97m³/s。而预测效果最差的 3d 滞后期各组模型除 MLR 预测均值为 646.07m³/s，其他 3 组模型皆高于 690m³/s，接近于丰水期实测均值。其中，ANFIS、ANN 与 LSSVM 的预测均值分别为 700.2m³/s、705.87m³/s 与 694.03m³/s。虽然 2d 滞后期与 3d 滞后期 MLR 预测均值并不接近实测均值，但是 MLR 的相对误差相比其他 3 组模型更低，1d、2d、3d 滞后期 MLR 的相对误差为 0.15、0.24 与 0.30，而 ANN 的相对误差分别为 0.17、0.29 与 0.36。MLR 虽然作为传统数学统计模型，但是在一致性条件下径流预测模型精度可能不低于其他数学模型。

综上所述，岭下水文站 1970 年枯水期与丰水期实测均值与 4 组模型预测均值相差不大，但是相对误差随着滞后期的增大而增大，与龙川水文站和河源水文站相比，岭下水文站枯水期与丰水期模型预测均值相对误差更低，4 组模型预测精度较高。其中，MLR 在不同滞后期丰水期径流预测中具有较低的相对误差，模型用于径流预测效果较好。

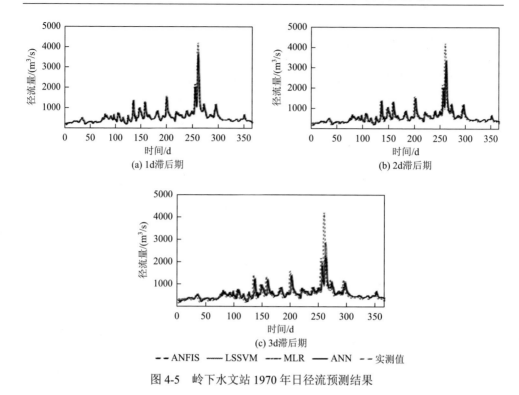

(a) 1d滞后期

(b) 2d滞后期

(c) 3d滞后期

— — ANFIS　——— LSSVM　— — MLR　——— ANN　— — 实测值

图 4-5　岭下水文站 1970 年日径流预测结果

从图 4-6 可以看出，随着滞后期的增加，博罗水文站 4 组模型（ANFIS、ANN、LSSVM 与 MLR）预测结果精度逐渐下降，虽然博罗水文站地处东江流域下游，枯水期与丰水期径流量在 4 个水文站点中最大，但是不同滞后期模型相对误差与岭下水文站接近，且低于龙川水文站与河源水文站。其中，博罗水文站相比于龙川水文站与河源水文站，枯水期的预测均值结果随滞后期的增加变化较小，枯水期径流实测均值为 477.72m³/s，1d 滞后期条件下的 ANFIS 预测均值为 489.57m³/s，ANN 预测均值为 492.75m³/s，LSSVM 的预测均值为 489.77m³/s，MLR 的预测均值为 489.16m³/s，4 组模型相对应的枯水期相对误差分别为 0.0798、0.0832、0.0846 与 0.0842，4 组模型相对误差均低于 0.09，且 ANFIS 最优，ANN 次之。虽然 2d 滞后期各组模型预测均值与 1d 滞后期预测均值相比相差不大，ANFIS 预测均值为 520.98m³/s，ANN 为 537.19m³/s，LSSVM 为 514.87m³/s，MLR 为 514.37m³/s，但是 4 组模型的相对误差随着滞后期的增加逐渐增大，4 组模型相对误差均高于 0.16，分别为 0.17、0.19、0.63 与 0.18。3d 滞后期与 2d 滞后期结果相比，4 组模型相对误差更大，其中，MLR 的相对误差最大，为 0.27，ANFIS 为 0.25，ANN 与 LSSVM 结果相近，分别为 0.2449 与 0.2401。类似于岭下水文站，MLR 在博罗水文站也具有较好的预测效果，博罗水文站不同滞后期 MLR 相对误差与其他 3 组模型相差不大。丰水期实测均值与 4 组模型预测均值不同滞后期结果相差不大，博罗水文站丰水期实测均值为 979.42m³/s，1d 滞后期的 4 组模型（ANFIS、ANN、LSSVM、MLR）预测均值分别为 979.38m³/s、974.82m³/s、962.69m³/s、961.60m³/s。而预测效果最差的 3d 滞后期各组模型除 MLR 预测均值低于 900m³/s，为 891.02m³/s，其他 3 组模型皆高于 900m³/s，接近丰水期实测均值。其中，ANFIS、ANN 与 LSSVM 的预测均值分别为 971.97m³/s、964.07m³/s 与 947.72m³/s。虽然 3d 滞后期 MLR 预测均值并不接近实测均值，但是 MLR 模型的相对误差相比其他 3 组模型更低，3d 滞后期丰水期 MLR 的相对误差为 0.38，而其他 3 组模型（ANFIS、ANN、LSSVM）分别为 0.43、0.43 与 0.42。

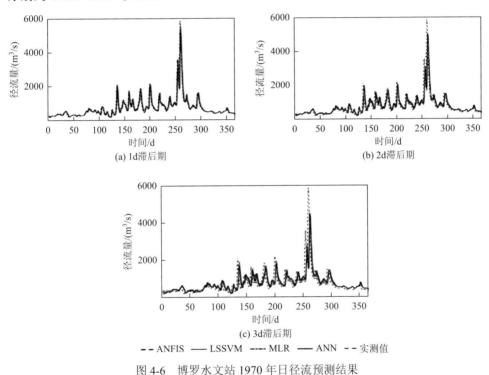

图 4-6　博罗水文站 1970 年日径流预测结果

　　综上所述，博罗水文站 1970 年枯水期与丰水期实测均值与 4 组模型预测均值相差不大，但是相对误差随着滞后期的增大而增大，与龙川水文站和河源水文站相比，博罗水文站枯水期与丰水期模型预测均值相对误差更低，4 组模型预测精度较高。其中，MLR 在 3d 滞后期的丰水期径流预测中具有较低的相对误差，其模型适用性与岭下水文站结论相同。

4.2.3　日径流预测模型精度评价

　　图 4-7 是 1970～1972 年验证期东江流域 4 个水文站点 1d、2d、3d 滞后期

日径流预测模型预测相关系数（R）、纳什系数（NSE）、均方根误差（RMSE）。由图 4-7 可知，4 组模型（ANFIS、ANN、LSSVM、MLR）在 4 个水文站点 1d 滞后期的径流预测相关系数较高，其中，虽然龙川水文站地处流域中上游，但是

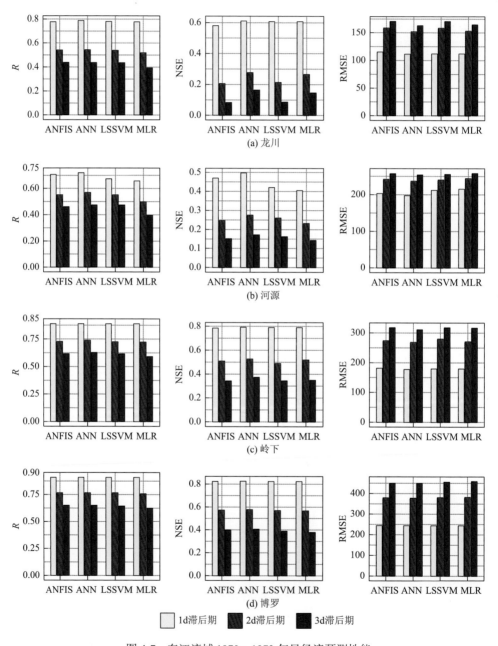

图 4-7　东江流域 1970～1972 年日径流预测性能

其径流受枫树坝水库影响，因此相关系数较低。河源水文站径流受枫树坝水库与新丰江水库共同作用，相关系数也较低。龙川水文站 4 组模型相关系数低于 0.8，相关性最好的模型是 ANN，相关系数为 0.79，相关性最差的模型是 ANFIS，相关系数为 0.78。河源水文站 4 组模型相关系数低于 0.75，相关性最好的模型是 ANN，相关系数为 0.72，相关性最差的模型是 MLR，相关系数为 0.66。而岭下水文站与博罗水文站虽地处东江流域下游，但是由于离枫树坝水库距离较远，新丰江水库刚刚建成，仍未起到相应的作用，且白盆珠水库与各梯级电站仍未建成，因此模型相关性较高。岭下水文站 4 组模型相关系数高于 0.85，相关性最好的模型是 ANN，相关系数为 0.891，相关性最差的模型是 ANFIS 与 LSSVM，相关系数均为 0.889。博罗水文站 4 组模型相关系数高于 0.9，相关性最好的模型是 ANN，相关系数为 0.911，相关性最差的模型是 MLR，相关系数为 0.909。随着径流预测滞后期的增加，东江流域 4 个水文站的相关系数逐渐降低。从相关系数下降幅度分析，随着滞后期的增加，龙川水文站与河源水文站相关系数下降幅度较大，岭下水文站与博罗水文站下降幅度较小，其中，河源水文站 3d 滞后期径流预测相关系数与其他 3 个水文站点相比较低，4 组模型相关系数均不高于 0.5，且 MLR 相关性最差，为 0.4；博罗水文站 3d 滞后期径流预测相关系数与其他 3 个水文站相比较高，4 组模型相关系数仍高于 0.6，ANN 相关性最好，相关系数为 0.65，MLR 相关性最差，为 0.63。

由于受枫树坝水库和新丰江水库的影响，龙川水文站与河源水文站模型纳什系数较低，其中，龙川水文站 1d 滞后期 ANFIS、ANN、LSSVM 与 MLR 纳什系数低于 0.65，分别为 0.58、0.61、0.61 与 0.61，河源水文站 1d 滞后期 ANFIS、ANN、LSSVM 与 MLR 纳什系数均不高于 0.50，分别为 0.47、0.50、0.42 与 0.41。岭下水文站与博罗水文站模型纳什系数较高，岭下水文站 1d 滞后期 ANFIS、ANN、LSSVM 与 MLR 纳什系数高于 0.75，分别为 0.786、0.793、0.791 与 0.790，博罗水文站 1d 滞后期 ANFIS、ANN、LSSVM 与 MLR 纳什系数高于 0.8，分别为 0.825、0.828、0.824 与 0.825。随着滞后期的增加，4 个水文站点模型纳什系数逐渐降低，其中，各水文站点 3d 滞后期模型纳什系数均低于 0.45，博罗水文站 3d 滞后期模型纳什系数相比其他 3 个水文站点较高，4 组模型（ANFIS、ANN、LSSVM 与 MLR）的纳什系数也仅为 0.40、0.41、0.39 与 0.38，龙川水文站 3d 滞后期模型纳什系数相比其他 3 个水文站点较低，4 组模型（ANFIS、ANN、LSSVM 与 MLR）的纳什系数均低于 0.2，分别为 0.08、0.17、0.09 与 0.15。

东江流域上游到下游龙川水文站、河源水文站、岭下水文站、博罗水文站径流量不断增大，均方根误差在一般情况下也随之而逐渐增大。其中，龙川水文站地处上游，1d 滞后期各模型均方根误差低于其他 3 个水文站点，4 组模型（ANFIS、ANN、LSSVM 与 MLR）的均方根误差分别为 $115.65\text{m}^3/\text{s}$、$111.39\text{m}^3/\text{s}$、$112.09\text{m}^3/\text{s}$

与 112.06m³/s。博罗水文站地处下游，1d 滞后期各模型均方根误差高于其他 3 个水文站点，4 组模型（ANFIS、ANN、LSSVM 与 MLR）的均方根误差分别为 244.67m³/s、244.36m³/s、244.5m³/s 与 244.71m³/s。龙川水文站与博罗水文站各模型均方根误差结果符合常规性判断。然而，岭下水文站地处东江流域中下游，各模型均方根误差却低于河源水文站，4 组模型（ANFIS、ANN、LSSVM 与 MLR）的均方根误差分别为 181.61m³/s、178.42m³/s 与 179.54m³/s、179.81m³/s，而河源水文站 4 组模型（ANFIS、ANN、LSSVM 与 MLR）的均方根误差分别为 203.10m³/s、197.60m³/s、212.02m³/s 与 214.88m³/s。推测河源水文站受新丰江水库影响较大，虽然站点径流量整体上低于岭下水文站，但是均方根误差仍较高。随着滞后期的增加，各站点均方根误差也随之增大，且变化规律也与一般情况相符，4 个水文站点均方根误差随流域上游到下游逐渐增大。其中，岭下水文站 3d 滞后期的 4 组模型（ANFIS、ANN、LSSVM 与 MLR）的均方根误差分别为 318.37m³/s、310.80m³/s、317.58m³/s 与 316.85m³/s，而河源水文站 3d 滞后期的 4 组模型（ANFIS、ANN、LSSVM 与 MLR）的均方根误差分别为 256.85m³/s、253.61m³/s、255.17m³/s 与 258.06m³/s。推测随着滞后期的增加，模型的预测性能下降，岭下水文站的均方根误差逐渐增大，且增大速度高于河源水文站。

综上所述，龙川水文站径流受枫树坝水库影响，河源水文站径流受新丰江水库和枫树坝水库共同影响，模型日径流预测精度较低。龙川水文站与河源水文站 1d 滞后期的日径流预测各模型相关系数均低于 0.8，纳什系数均低于 0.65。岭下水文站与博罗水文站虽地处东江流域下游，但是由于距离枫树坝水库较远，新丰江水库仍未起主要作用，其模型日径流预测精度较高。岭下水文站与博罗水文站 1d 滞后期的径流预测各模型相关系数均高于 0.85，纳什系数均高于 0.75。虽然均方根误差在一般情况下会随着流域上游到下游而逐渐增大，但是岭下水文站 1d 滞后期的 4 组模型的均方根误差均低于河源水文站。随着滞后期增加，东江流域各水文站点 4 组模型相关系数与纳什系数逐渐降低，均方根误差逐渐增大，各水文站点 3d 滞后期的径流预测 4 组模型相关系数均低于 0.7，纳什系数均低于 0.45，且均方根误差随一般规律变化，从上游龙川水文站到下游博罗水文站均方根误差逐渐增大。在 4 组模型中，MLR 在水利工程影响较小的站点（岭下水文站、博罗水文站）的预测效果较好，与其他 3 组模型相比模型精度接近。而 MLR 在水利工程影响较大的站点（河源水文站）日径流预测效果较差，且 R 与 NSE 均低于其他 3 组模型，RMSE 均高于其他 3 组模型。ANN 在东江流域 4 个水文站点日径流预测中均具有较好的预测效果，模型性能高于其他 3 组模型。由此，采用 ANN 作为东江流域数学统计模型中较好模型用于进一步径流模拟与预测研究。

4.2.4　月径流预测模型构建

　　基于东江流域 4 个水文站点（龙川、河源、岭下、博罗）基准期（1960～1972 年）月径流数据，选择合适的模型结构对径流序列进行滞后期为 1 个月的月径流预测。

　　人工神经网络：以 4 个水文站点的滞后期为 1 个月的月径流量为网络输入层的 1 个神经元，4 个水文站点的月径流量作为网络输出层的 1 个神经元，隐含层选择 5 层，构造一个 1-5-1 的反馈神经网络模型，以 1960～1969 年数据作为学习训练集，把学习训练集 80%数据进行训练，20%数据进行测试，训练步长为 1000 步，使用列文伯格-马夸尔特反向传播算法（LMBP）[11]进行模型训练。

　　使用构建好的 ANN 模型对东江流域 4 个水文站点 1960～1969 年进行滞后期为 1 个月的单因子月径流预测模型率定，通过 R 与 NSE 评价模型率定结果，其率定结果见表 4-5。

表 4-5　东江流域 1960～1969 年月径流预测 ANN 模型性能

水文站点	R	NSE
龙川	0.63	0.39
河源	0.68	0.47
岭下	0.65	0.42
博罗	0.65	0.42

　　根据 ANN 模型率定结果，仍以相关系数、纳什系数和均方根误差研究东江流域 1970～1972 年上、中、下游 1 个月滞后期的预测精度优劣情况。

4.2.5　月径流预测结果

　　从图 4-8 与表 4-6 可知，龙川水文站、河源水文站、岭下水文站、博罗水文站的丰水期均值分别为 164.99m³/s、383.78m³/s、537.54m³/s 与 682.79m³/s，ANN 预测所得的丰水期均值分别为 178.32m³/s、392.35m³/s、529.17m³/s、658.16m³/s，虽然 4 个水文站点丰水期均值较为接近，但是由于月尺度下数据量较少，而且神经网络等数据驱动模型对径流峰值预测往往偏低，难以捕捉准确的峰值信息[12]，因此 ANN 对 4 个水文站点的峰值无法进行有效捕捉，其对 4 个水文站点峰值的预测精度较低。龙川水文站、河源水文站、岭下水文站、博罗水文站的枯水期均值分别为 151.43m³/s、367.08m³/s、504.09m³/s 与 630.04m³/s，ANN 预测所得的枯水期均值分别为 164.45m³/s、379.32m³/s、510.46m³/s、632.84m³/s，4 个水文站点枯水期实测值与 ANN

预测值相比丰水期的结果更为接近，推测枯水期在东江流域基准期（1960～1972 年）径流量变化幅度较小，虽然在月径流预测中基准期数据较少，仍能通过 ANN 模型预测获得较好的精度结果。

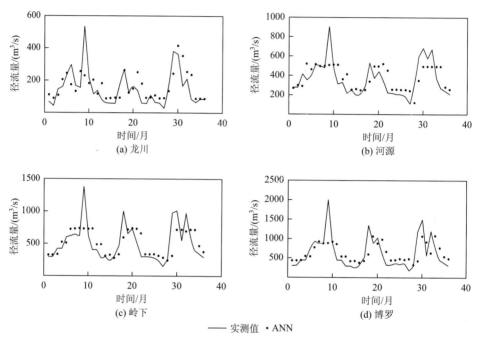

图 4-8　东江流域 1970～1972 年人工神经网络模型单因子月径流预测结果

表 4-6　东江流域 1970～1972 年滞后期 1 个月的 ANN 模型枯水期与丰水期均值预测结果

水文站点	枯水期均值/(m³/s)		丰水期均值/(m³/s)	
	实测值	ANN	实测值	ANN
龙川	151.43	164.45	164.99	178.32
河源	367.08	379.32	383.78	392.35
岭下	504.09	510.46	537.54	529.17
博罗	630.04	632.84	682.79	658.16

4.2.6　月径流预测模型精度评价

由图 4-9 可知，4 个水文站点 ANN 模型的相关系数与纳什系数并不高，4 个水文站点相关系数皆不高于 0.65，其中，最高的是龙川水文站，为 0.617，最低的是博罗水文站，为 0.560。4 个水文站点纳什系数皆不高于 0.35，最高的是龙川水文站，为 0.348，最低的是博罗水文站，为 0.314。由于 ANN 模型在东江流域日径流预测中相比其他数学统计模型具有较好的模型性能和较高的预测精度，因此，推测东江流域 4 个水文站点月径流预测精度较差与模型无关，而与月尺度下数据量较少有关。由于数学统计模型缺乏物理背景，只能通过分析数据进行模型的率定和验证，而东江流域基准期（1960～1972 年）月径流序列仅有 156 个数据，难以满足数学统计模型率定与验证需求，月径流序列中峰值变化幅度较大，在数据量缺乏的条件下，ANN 模型无法捕捉有效信息，因此模型预测精度较低。4 个水文站点均方根误差随东江流域上游到下游逐渐增大，龙川水文站、河源水文站、岭下水文站、博罗水文站的均方根误差分别为 87.03m³/s、138.31m³/s、226.69m³/s、339.23m³/s，推测东江流域径流量从上游到下游逐渐增大，其预测结果的均方根误差也逐渐增大。

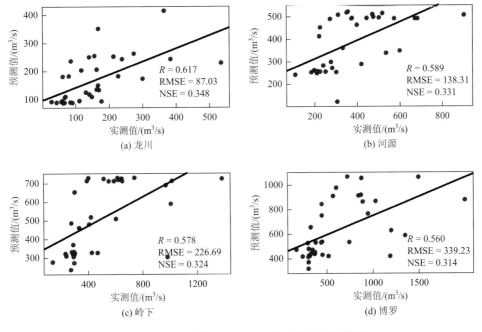

图 4-9　东江流域 1970～1972 年月径流预测性能

综上所述，东江流域基准期月径流序列数据量较少，ANN 等数学统计模型缺乏有效数据进行模型率定和验证，无法捕捉序列中峰值有效信息，因此模型预测精度较低。

若要提高模型预测精度，推测可通过数据预处理方法结合常规数学统计模型进行径流预测来提高预测精度，或者通过径流还原方法对流域影响期径流序列进行还原，从而延长径流序列。

4.3　东江流域基准期多因子径流模拟研究

4.3.1　日径流模拟模型构建

在包含其他气象数据（蒸发、降雨等）的情况下，可使用水文模型和数学统计模型进行径流模拟与预测。本书采用所需参数较少且使用简单的 GR4J 水文模型与单因子径流预测中具有较好模型性能的 ANN 模型对东江流域 4 个水文站点（龙川、河源、岭下、博罗）基准期进行日径流模拟。仍统一选择东江流域龙川、河源、岭下、博罗 1960～1972 年作为研究时间，以 1960～1969 年作为模型的率定期，1970～1972 年作为模型的验证期。数据为 4 个水文站点 1960～1972 年日径流序列及中国国家气象中心提供的覆盖东江流域及周边范围的 1960～1972 年 46 个气象测站的日降水数据与日潜在蒸发数据，通过相关系数、纳什系数和均方根误差研究水文模型与数学统计模型在多因子条件下东江流域上、中、下游日径流模拟精度优劣情况。

对研究区域内气象站点的潜在蒸发量和降水量进行空间插值，并把两者作为 GR4J 水文模型输入因子，通过模型的校准与率定对流域进行径流模拟和预测，是水文模型用于流域径流模拟与预测研究的基本思路。空间插值方法由于原理不同，其插值结果也各有差异。本书选择常用的 3 种空间插值方法（IDW、Thiessen 与 Kriging）对覆盖东江流域及周边范围的 46 个气象站点 1960～1972 年潜在蒸发量与降水量进行空间插值，得到龙川水文站、河源水文站、岭下水文站、博罗水文站的逐日面平均降水量和逐日面平均蒸发能力。并把 3 组数据分别输入 GR4J 水文模型和 ANN 模型，通过模型性能和模拟精度的比较判断 3 种方法在东江流域的适用性，模拟结果详见 4.3.2 节。

基于东江流域 1960～1972 年潜在蒸发量与降水量空间插值结果和 4 个水文站点（龙川、河源、岭下、博罗）基准期（1960～1972 年）日径流数据，构建合适的 GR4J 水文模型与 ANN 模型对径流序列进行日径流模拟。

GR4J 水文模型：由 4.2.1 节可知，GR4J 的 4 个参数分别是：蓄水容量（X_1，mm）、地下水交换系数（X_2，mm）、前一天地下水容量（X_3，mm）及水文过程线的时间基准（X_4，d）。根据 Perrin 多年实测资料验证，GR4J 参数 80%概率的置信区间见表 4-7[2]。本书在表 4-7 范围内使用 SCE 自动参数率定方法进行 GR4J 水文模型参数率定，龙川水文站、河源水文站、岭下水文站、博罗水文站 GR4J 水文模型日径流模拟参数率定结果见表 4-8。

表 4-7 GR4J 参数的 80%置信区间

参数	含义	中间值	区间
X_1/mm	产流水库容量	350	100～1200
X_2/mm	地下水交换系数	0	–5～3
X_3/mm	汇流水库容量	90	20～300
X_4/d	单位线汇流时间	1.7	1.1～2.9

表 4-8 东江流域 GR4J 水文模型日径流模拟参数

水文站点	插值方法	X_1/mm	X_2/mm	X_3/mm	X_4/d
龙川	Kriging	912.02	1.330	44.46	1.50
	Thiessen	941.29	1.290	43.91	1.51
	IDW	856.67	1.370	42.92	1.53
河源	Kriging	1195.23	−0.340	60.49	2.49
	Thiessen	1196.45	−0.110	59.20	2.47
	IDW	1199.02	−0.290	49.39	2.48
岭下	Kriging	578.28	3.000	29.05	2.34
	Thiessen	329.02	2.997	34.61	2.24
	IDW	441.61	2.998	29.10	2.33
博罗	Kriging	1131.42	2.994	62.62	2.48
	Thiessen	1150.32	2.996	69.08	2.46
	IDW	1062.91	2.988	57.47	2.47

人工神经网络：以东江流域潜在蒸发量与降水量日空间插值结果为网络输入层的 2 个神经元，4 个水文站点的日径流深作为网络输出层的 1 个神经元，隐含层选择 5 层，构造一个 2-5-1 的反馈神经网络模型，以 1960～1969 年数据作为学习训练集，把学习训练集 80%数据进行训练，20%数据进行测试，训练步长为 1000 步，使用列文伯格-马夸尔特反向传播算法（LMBP）[11]进行模型训练。

使用构建好的 GR4J 水文模型与 ANN 模型对东江流域 4 个水文站点 1960～1969 年进行多因子日径流模拟模型率定，通过 R 与 NSE 评价模型率定结果，其率定结果见表 4-9。

表 4-9　东江流域 1960～1969 年日径流模拟模型性能

水文站点	研究方法	R			NSE		
		IDW	Thiessen	Kriging	IDW	Thiessen	Kriging
龙川	GR4J	0.936	0.935	0.935	0.875	0.872	0.872
	ANN	0.539	0.559	0.534	0.289	0.312	0.285
河源	GR4J	0.866	0.847	0.854	0.732	0.682	0.701
	ANN	0.417	0.378	0.396	0.173	0.142	0.156
岭下	GR4J	0.937	0.926	0.933	0.854	0.845	0.850
	ANN	0.486	0.458	0.512	0.183	0.163	0.213
博罗	GR4J	0.971	0.969	0.970	0.942	0.941	0.941
	ANN	0.398	0.282	0.334	0.128	0.060	0.087

4.3.2　日径流模拟结果

从图 4-10 可以看出，3 种插值方法（IDW、Kriging 与 Thiessen）结合 GR4J 水文模型和 ANN 模型在龙川水文站进行日径流模拟所得结果精度相差不大，但是，GR4J 水文模型模拟精度明显高于 ANN 模型。3 种插值方法结合 GR4J 水文

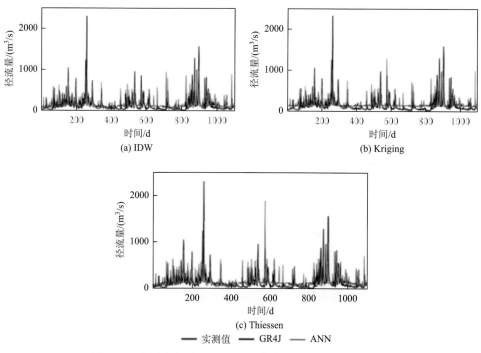

图 4-10　龙川水文站 1970～1972 年多因子日径流模拟结果

模型（IDW-GR4J、Kriging-GR4J 与 Thiessen-GR4J）所得日径流模拟结果丰水期相对误差分别为 0.26、0.25 与 0.26，3 组插值方法结合 GR4J 水文模型相对误差结果皆低于 0.3，而 IDW-ANN、Kriging-ANN 与 Thiessen-ANN 丰水期相对误差高达 0.91、1.01 与 0.91，模拟精度较低。IDW-GR4J、Kriging-GR4J 与 Thiessen-GR4J 所得日径流模拟结果枯水期相对误差分别为 0.25、0.24 与 0.26，与丰水期相对误差结果相近，而 IDW-ANN、Kriging-ANN 与 Thiessen-ANN 枯水期相对误差高于丰水期，分别为 0.94、1.08 与 0.94。针对 3 组 ANN 模型丰水期和枯水期相对误差结果，同时结合图 4-10 可知，ANN 模型在龙川水文站枯水期模拟结果偏大，丰水期模拟结果偏小，而且其模拟径流与实测径流趋势并不相似，推测其模型在龙川水文站的适用性较低。

从图 4-11 可以看出，类似于龙川水文站模拟结果，3 种插值方法（IDW、Kriging 与 Thiessen）结合 GR4J 水文模型和 ANN 模型在河源水文站进行日径流模拟所得结果精度相差不大，GR4J 水文模型模拟精度明显高于 ANN 模型。河源水文站由于毗邻新丰江水库，基准期（1960～1972 年）也受到一定的水库作用影响，导致其模型验证期（1970～1972 年）模拟效果较差。从图 4-11 可以看出，1970 年枯水期模拟结果远低于实测结果，3 种插值方法结合 GR4J 水文模型（IDW-GR4J、

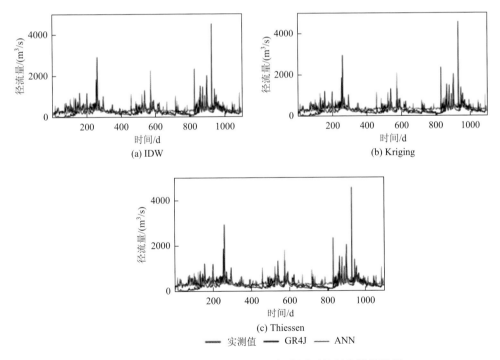

图 4-11　河源水文站 1970～1972 年多因子日径流模拟结果

Kriging-GR4J 与 Thiessen-GR4J）所得日径流模拟结果枯水期相对误差分别为 0.30、0.32 与 0.32，3 组插值方法结合 GR4J 水文模型相对误差结果皆高于龙川水文站枯水期相对误差，虽然 IDW-ANN、Kriging-ANN 与 Thiessen-ANN 枯水期相对误差分别为 0.56、0.57 与 0.53，相对误差小于龙川水文站，但是仍高于 0.5，模拟精度较低。IDW-GR4J、Kriging-GR4J 与 Thiessen-GR4J 所得日径流模拟结果丰水期相对误差分别为 0.27、0.30 与 0.29，略低于枯水期相对误差，而 IDW-ANN、Kriging-ANN 与 Thiessen-ANN 丰水期相对误差分别为 0.58、0.59 与 0.55，与枯水期相对误差较为接近，皆高于 0.5。虽然 3 组 ANN 模型丰水期和枯水期相对误差结果低于龙川水文站，但是 2 个水文站点相对误差皆高于 0.5，而且 3 组 GR4J 水文模型枯水期与丰水期相对误差皆高于龙川水文站，推测 GR4J 模型在河源水文站模拟精度低于龙川水文站，且 ANN 模型在河源水文站仍不具有适用性。

从图 4-12 可以看出，3 种插值方法（IDW、Kriging 与 Thiessen）结合 GR4J 水文模型和 ANN 模型在岭下水文站进行日径流模拟所得结果精度高于龙川水文站与河源水文站，同时，GR4J 水文模型模拟精度明显高于 ANN 模型。岭下站 3 种插值方法结合 GR4J 水文模型（IDW-GR4J、Kriging-GR4J 与 Thiessen-GR4J）所得日径流模拟结果丰水期相对误差分别为 0.24、0.24 与 0.27，3 组插值方法结合 GR4J 模型相对误差结果皆低于龙川水文站与河源水文站丰水期相对误差，虽然

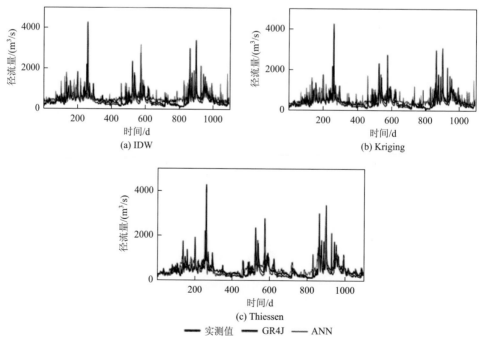

图 4-12　岭下水文站 1970~1972 年多因子日径流模拟结果

Thiessen-ANN 丰水期相对误差为 0.47，低于 IDW-ANN 和 Kriging-ANN 的 0.60 与 0.56，但是整体上仍高于 0.4，模拟精度较低。IDW-GR4J、Kriging-GR4J 与 Thiessen-GR4J 所得日径流模拟结果枯水期相对误差分别为 0.24、0.23 与 0.27，与丰水期相对误差较为接近，而 IDW-ANN、Kriging-ANN 与 Thiessen-ANN 丰水期相对误差分别为 0.57、0.53 与 0.43，皆高于 0.4。虽然 3 组 ANN 模型中，Thiessen-ANN 模型有较低的相对误差，但是相比 GR4J 水文模型丰水期与枯水期相对误差仍偏大，因此，GR4J 水文模型比 ANN 模型更适用于东江流域岭下水文站日径流模拟。

从图 4-13 可以看出，3 种插值方法（IDW、Kriging 与 Thiessen）结合 GR4J 水文模型进行日径流模拟所得结果精度高于其他 3 个水文站点，尤其峰值模拟精度较高，其中，1970 年峰值为 5660m³/s，而 IDW-GR4J、Kriging-GR4J 与 Thiessen-GR4J 的模拟峰值分别为 6051m³/s、6404m³/s 与 6338m³/s，相对误差仅为 0.07、0.13 与 0.12，同时，GR4J 水文模型模拟精度明显高于 ANN 模型。博罗水文站 3 种插值方法结合 GR4J 水文模型（IDW-GR4J、Kriging-GR4J 与 Thiessen-GR4J）所得日径流模拟结果丰水期相对误差分别为 0.12、0.11 与 0.12，3 组插值方法结合 GR4J 水文模型相对误差结果皆低于其他 3 个水文站点丰水期相对误差，推测 GR4J 水文模型充分考虑了上游子流域对下游的影响，在受人类活动影响较少的情况下，其模型模拟效果从上游到下游逐渐变好。Thiessen-ANN、IDW-ANN 与 Kriging-ANN

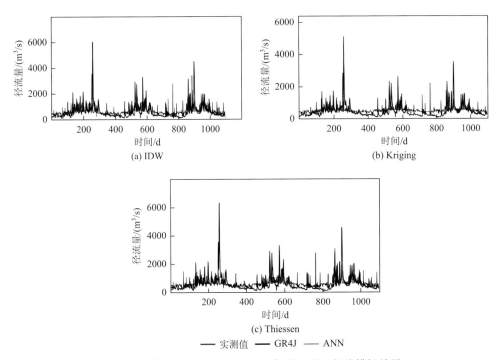

图 4-13　博罗水文站 1970～1972 年多因子日径流模拟结果

丰水期相对误差分别为0.72、0.77与0.69，模拟精度较低。IDW-GR4J、Kriging-GR4J
与Thiessen-GR4J所得日径流模拟结果枯水期相对误差分别为0.12、0.11与0.12，与
丰水期相对误差较为接近，皆低于0.15，而IDW-ANN、Kriging-ANN与Thiessen-ANN
丰水期相对误差分别为0.70、0.76与0.68，皆高于0.65。相比其他3个水文站点，
ANN模型在东江流域博罗水文站相对误差最大，无法适用于径流模拟。

4.3.3 日径流模拟模型精度评价

为了进一步研究GR4J水文模型与ANN模型在东江流域基准期径流模拟的模
型精度和模型适用性，本书采用相关系数、纳什系数与均方根误差做进一步分析。

表4-10为1970～1972年验证期4个水文站点日径流模拟相关系数、纳什系
数和均方根误差。4个水文站点3种插值方法（IDW、Kriging与Thiessen）对
模型日径流模拟效果并没有较大影响，相对而言，IDW结合GR4J用于径流模
拟效果略好，4个水文站点相关系数与纳什系数皆为最高，均方根误差皆为最低。
相比ANN模型，GR4J水文模型在4个水文站点有较好的日径流模拟性能，其日
径流模拟结果相关系数与纳什系数皆最优，其中，河源水文站模型模拟效果较差，
3组GR4J水文模型中（IDW-GR4J、Kriging-GR4J、Thiessen-GR4J）效果较优的
IDW-GR4J模型的R与NSE仅为0.74与0.40，模型适用性较低。龙川水文站优于
河源水文站，3组GR4J水文模型R与NSE皆分别高于0.85与0.65，其中，效果
较好的IDW-GR4J水文模型R与NSE分别为0.89与0.71。岭下水文站与博罗水文
站模型模拟效果较好，2个水文站点的相关系数均高于0.9，纳什系数也高于0.75。
类似地，4个水文站点GR4J均方根误差皆小于ANN模型，其中，在4个水文站点
中，龙川水文站的RMSE最低，IDW-GR4J的RMSE为95.91m³/s，博罗水文站次之，
为148.77m³/s，河源水文站均方根误差最大，为216.74m³/s。推测相比其他3个水文
站，河源水文站离三大水库之一的新丰江水库距离较近，水库建设对河源水文站
日径流有一定的影响，岭下水文站与博罗水文站虽然地处东江流域中下游，但是
由于离已建成的新丰江水库较远，距离较近的白盆珠水库在验证期内仍未建成，
同时，GR4J水文模型充分考虑了上游子流域对下游的影响，推测在不受人类活动
的影响下，其模型模拟效果从上游到下游逐渐变好，因此，在岭下水文站与博罗
水文站模型模拟效果较好。ANN模型对日径流模拟无法得到较好的结果，推测
ANN模型没有物理成因的背景，日径流模拟中气象要素与径流要素存在的滞后性
问题无法在模型中体现，如果进行含滞后期的预测，其结果可能会较佳[13]。从ANN
模型模拟结果可知，3组ANN模型中，龙川水文站、河源水文站、岭下水文站与
博罗水文站效果较好的分别为IDW-ANN、IDW-ANN、Kriging-ANN与
Kriging-ANN。然而对于ANN模型的相关系数而言，除龙川、岭下水文站相关系

数较高为 0.48 外,其他 2 个水文站点相关系数仅为 0.32 与 0.38,四者均不高于 0.5,同时,4 个水文站点的 NSE 均不高于 0.2,远低于 GR4J 水文模型模拟效果。推测 ANN 模型无法提取日气象数据有效信息,难以进行较好的机器学习,模型不适用于东江流域多因子日径流模拟。GR4J 水文模型除河源水文站模拟效果较差外,其他 3 个水文站点 NSE 均有高于 0.7 的 GR4J 模型,适用于流域日径流模拟,其中,IDW 在东江流域插值后结合 GR4J 水文模型进行径流模拟效果略好于其他 2 种插值方法,但总体而言,3 种方法在东江流域皆具有适用性。

表 4-10　东江流域 1970～1972 年日径流模拟性能

水文站点	研究方法	R			NSE			RMSE/(m^3/s)		
		IDW	Thiessen	Kriging	IDW	Thiessen	Kriging	IDW	Thiessen	Kriging
龙川	GR4J	0.89	0.88	0.89	0.71	0.68	0.71	95.91	101.08	97.17
	ANN	0.48	0.47	0.46	0.16	0.13	0.17	163.99	167.09	163.09
河源	GR4J	0.74	0.74	0.74	0.40	0.31	0.34	216.74	222.54	226.02
	ANN	0.32	0.31	0.30	0.01	0.05	0.03	277.62	271.76	274.82
岭下	GR4J	0.93	0.93	0.93	0.80	0.78	0.78	177.76	185.53	185.64
	ANN	0.46	0.48	0.46	0.14	0.18	0.17	363.29	354.23	358.60
博罗	GR4J	0.97	0.97	0.96	0.94	0.93	0.92	148.77	153.53	162.80
	ANN	0.37	0.38	0.34	0.09	0.13	0.09	557.38	544.32	557.73

4.3.4　月径流模拟模型构建

为了进一步验证 ANN 模型在东江流域多因子径流模拟的模型适用性,本书继续采用 GR4J 水文模型与 ANN 模型对东江流域 4 个水文站点(龙川、河源、岭下、博罗)基准期进行月径流模拟。由 4.3.3 节可知,除岭下水文站外,其余各站 IDW-GR4J 与 IDW-ANN 效果皆略好于其余 2 组模型(Kriging-GR4J、Kriging-ANN 与 Thiessen-GR4J、Thiessen-ANN),因此,采用 IDW-GR4J 与 IDW-ANN 进行月径流模拟,构建合适的 GR4J 水文模型与 ANN 模型对径流序列进行月径流模拟。

GR4J 水文模型:龙川、河源、岭下、博罗 GR4J 水文模型月径流模拟参数率定结果见表 4-11。

表 4-11　东江流域 GR4J 水文模型月径流模拟参数

水文站点	X_1/mm	X_2/mm	X_3/mm	X_4/d
龙川	215.92	−0.47	11.52	−0.04
河源	245.27	5.62	93.57	0.06
岭下	168.52	13.38	160.62	−0.23
博罗	1062.91	2.99	57.47	2.47

人工神经网络：以东江流域潜在蒸发量与降水量月空间插值结果为网络输入层的 2 个神经元，4 个水文站点的月径流深作为网络输出层的 1 个神经元，隐含层选择 5 层，构造一个 2-5-1 的反馈神经网络模型，以 1960～1969 年数据作为学习训练集，把学习训练集 80%数据进行训练，20%数据进行测试，训练步长为 1000 步，使用列文伯格-马夸尔特反向传播算法（LMBP）[11]进行模型训练。

使用构建好的 GR4J 水文模型与 ANN 模型对东江流域 4 个水文站点 1960～1969 年进行多因子月径流模拟模型率定，通过 R 与 NSE 评价模型率定结果，其率定结果见表 4-12。

表 4-12　东江流域 1960～1969 年月径流模拟模型性能

水文站点	研究方法	R	NSE
龙川	GR4J	0.93	0.46
	ANN	0.93	0.87
河源	GR4J	0.78	0.51
	ANN	0.79	0.61
岭下	GR4J	0.70	0.42
	ANN	0.90	0.81
博罗	GR4J	0.90	0.80
	ANN	0.91	0.83

4.3.5　月径流模拟结果

基于构建的 GR4J 水文模型与 ANN 模型进行月径流模拟，模拟结果见图 4-14，相对误差结果见图 4-15。

在径流模拟与预测中，由于枯水期枯水值数值较小，波动幅度较弱，丰水期峰值数值较大，波动幅度较强，因此模型对峰值的模拟与预测难度高于枯值。从图 4-14 可知 ANN 模型对东江流域 4 个水文站点月径流模拟中丰水期峰值模拟效果皆优于 GR4J 水文模型，龙川水文站地处上游，虽受上游枫树坝水库的影响，但是月径流均值整合了日径流的信息，月径流受水库影响强度低于日径流，而且由于径流量数值较低，峰值模拟效果较优。ANN 模型 1970 年月径流实测峰值为 542.72m³/s，ANN 模型的模拟值为 536.82m³/s，GR4J 水文模型模拟值为 412.49m³/s，1971 年月径流实测峰值为 278.49m³/s，ANN 模型模拟值为 238.49m³/s，GR4J 水文模型模拟值仅为 128.02m³/s，1972 年月径流实测峰值为 371.48m³/s，ANN 模型模拟值为 343.48m³/s，GR4J 水文模型模拟值仅为 122.38m³/s。虽然 ANN 模型和 GR4J 模型对河源水文站、岭下水文站与博罗水文站 1970 年峰值模拟效果欠佳，以模拟结果较优的 ANN 模型为例，1970 年河源水文站、岭下水文站、博罗水文站径流实测峰值分别为 913.45m³/s、1405.31m³/s、2039.07m³/s，而 ANN 模型模拟峰值仅为 538.29m³/s、916.01m³/s、1476.42m³/s，但是 ANN 模型对河源水文站 1972 年及岭下水文站、博罗水文站 1971 年与 1972 年的径流峰值模拟效果皆较好。其中，河源水文站 1972 年径流实测峰值为 695.93m³/s，ANN 模拟峰值为 635.85m³/s。岭下水文站 1971 年与 1972 年径流实测峰值分别为 1028.69m³/s 与 1031.59m³/s，而 ANN 模型模拟峰值为 965.02m³/s 与 940.59m³/s。博罗水文站 1971 年与 1972 年径流实测峰值为 1383.59m³/s 与 1527.86m³/s，ANN 模型模拟峰值为 1535.05m³/s 与 1321.16m³/s。而 GR4J 水文模型仅在博罗水文站峰值模拟效果较好，其 1971 年与 1972 年模拟峰值分别为 1037.33m³/s 与 1304.47m³/s。

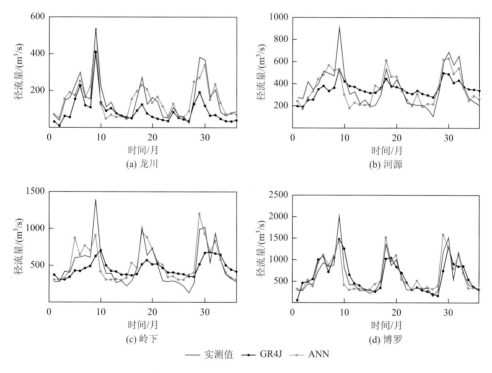

图 4-14　东江流域 1970～1972 年多因子月径流预测结果

　　从图 4-15 可知，ANN 模型在东江流域 4 个水文站点相对误差变化幅度皆小于 GR4J 水文模型，其中龙川水文站与河源水文站 ANN 模型相对误差均值更接近于 0，分别为 0.15 与 0.03，而 GR4J 水文模型相对误差均值为-0.35 与 0.12。虽然岭下水文站与博罗水文站 GR4J 水文模型相对误差均值相比 ANN 模型更接近于 0，岭下水文站与博罗水文站 GR4J 水文模型相对误差均值分别为 0.12 与 0.06，ANN

模型相对误差均值为 0.17 与 0.10，但是岭下水文站与博罗水文站 ANN 模型相对误差上下四分位数远小于 GR4J 水文模型，其中，岭下水文站 GR4J 水文模型相对误差上下四分位数分别为 0.37 与 –0.27，而 ANN 模型相对误差上下四分位数仅为 0.25 与 –0.0007。博罗水文站 GR4J 水文模型相对误差上下四分位数分别为 0.28 与 –0.16，而 ANN 模型相对误差上下四分位数仅为 0.23 与 –0.04，因此，仍认为 ANN 模型在东江流域 4 个水文站点月径流模拟效果优于 GR4J 水文模型。

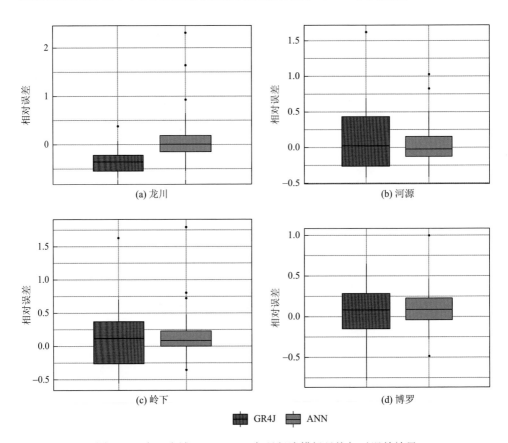

图 4-15　东江流域 1970～1972 年月径流模拟月均相对误差结果

4.3.6　月径流模拟模型精度评价

表 4-13 为 1970～1972 年验证期 4 个水文站点月径流模拟相关系数、纳什系数和均方根误差。相比 GR4J 水文模型，ANN 模型在 4 个水文站点有较好的月径流模拟性能，其月径流模拟结果相关系数与纳什系数皆最优，其中，河源水文站模型模拟效果较差，ANN 模型的 R 与 NSE 仅为 0.82 与 0.67，模型适用性较低。岭

下水文站优于河源水文站，ANN 模型 R 与 NSE 皆分别高于 0.85 与 0.70。ANN 模型龙川水文站与博罗水文站模拟效果较好，2 个水文站点的相关系数均高于 0.89，纳什系数也高于 0.8。类似地，4 个水文站点 ANN 模型均方根误差皆小于 GR4J 水文模型，其中，4 个水文站点均方根误差随上游到下游逐渐增大，龙川水文站的 RMSE 最低，ANN 模型的 RMSE 为 48.22m³/s，GR4J 水文模型的 RMSE 为 83.20m³/s。河源水文站次之，ANN 模型的均方根误差为 98.18m³/s，GR4J 水文模型的均方根误差为 127.23m³/s。博罗水文站的均方根误差最大，GR4J 水文模型的 RMSE 为 210.02m³/s，ANN 模型的 RMSE 为 171.02。这与 4.2.5 节单因子月径流预测结果结论相同。

根据 4.2.5 节研究结果可知，由于月径流序列中峰值变化幅度较大，在数据量缺乏的条件下，ANN 模型无法捕捉有效信息，因此在仅含径流序列的单因子情况下，ANN 模型预测精度较低。然而，在径流模拟的条件下，相比于日尺度径流模拟，月气象序列降低了与月径流序列的滞后性，ANN 模型可以更好地进行率定与模拟，在东江流域 4 个水文站点皆有较好的模拟效果。GR4J 水文模型除了博罗水文站月径流模拟效果较好，相关系数与纳什系数皆高于 0.7 外，其他 3 个水文站点月径流模拟纳什系数皆不高于 0.45，龙川水文站、河源水文站与岭下水文站纳什系数分别为 0.43、0.45、0.38，推测 GR4J 水文模型其物理背景适用于日径流模拟，月气象数据整合了日气象数据的信息，GR4J 水文模型无法从中提取有效信息进行模型的率定和验证，因此其效果较差[14]。

表 4-13 东江流域 1970～1972 年月径流模拟性能

水文站点	研究方法	R	NSE	RMSE/(m³/s)
龙川	GR4J	0.89	0.43	83.20
	ANN	0.90	0.81	48.22
河源	GR4J	0.75	0.45	127.23
	ANN	0.82	0.67	98.18
岭下	GR4J	0.69	0.38	221.56
	ANN	0.86	0.72	147.06
博罗	GR4J	0.87	0.75	210.02
	ANN	0.92	0.83	171.02

综上所述，虽然东江流域基准期月气象序列与月径流序列数据量较少，但是由于月气象序列降低了与月径流序列的滞后性，ANN 模型可以更好地进行率定与模拟，在多因子月径流模拟中效果较好。而由于 GR4J 水文模型无法从月气象序列与月径流序列中提取有效信息来进行模型的率定和验证，其月径流模拟效果

较差。根据 4.2.5 节研究结论，即使 ANN 模型在多因子月径流模拟中效果较好，推测仍可通过数据预处理方法结合常规数学统计模型进行径流模拟以提高模拟精度。

参 考 文 献

[1]   Edijatno N，Nascimento O，Yang X，et al. GR3J：A daily watershed model with three free parameters[J]. Hydrological Sciences Journal，1999，44（2）：263-277.

[2]   Perrin C，Michel C，Andréassian V. Improvement of a parsimonious model for streamflow simulation[J]. Journal of Hydrology，2003，279（1）：275-289.

[3]   Pagano T C，Hapuarachchi P，Wang Q J. Continuous rainfall-runoff model comparison and short-term daily streamflow forecast skill evaluation[J]. CSIRO：Water for a Healthy Country National Research Flagship，2010：70.

[4]   Broderick C，Matthews T，Wilby R L，et al. Transferability of hydrological models and ensemble averaging methods between contrasting climatic periods[J]. Water Resources Research，2016，52（10）：8343-8373.

[5]   Harrigan S，Prudhomme C，Parry S，et al. Benchmarking ensemble streamflow prediction skill in the UK[J]. Hydrology and Earth System Sciences Discussions，2017，doi：10.5194/hess-2017-49.

[6]   孙惠子. 中长期径流的多种组合预测方法及其比较[D]. 杨凌：西北农林科技大学，2012.

[7]   Vapnik V. 统计学习理论的本质[M]. 张学工，译. 北京：清华大学出版社，2000.

[8]   Samsudin R，Saad P，Shabri A. River flow time series using least squares support vector machines[J]. Hydrology and Earth System Sciences，2011，15（6）：1835-1852.

[9]   Klir G，Yuan B. Fuzzy sets and fuzzy logic（Vol. 4）[M]. New Jersey：Prentice hall，1995.

[10] 石朋，芮孝芳. 降雨空间插值方法的比较与改进[J]. 河海大学学报（自然科学版），2005，4：361-365.

[11] Adamowski J，Sun K. Development of a coupled wavelet transform and neural network method for flow forecasting of non-perennial rivers in semi-arid watersheds[J]. Journal of Hydrology，2010，390（1）：85-91.

[12] Srivastav R K，Sudheer K P，Chaubey I. A simplified approach to quantifying predictive and parametric uncertainty in artificial neural network hydrologic models[J]. Water Resources Research，2007，43（10）：145-151.

[13] Anctil F，Perrin C，Andréassian V. Impact of the length of observed records on the performance of ANN and of conceptual parsimonious rainfall-runoff forecasting models[J]. Environmental Modelling & Software，2004，19（4）：357-368.

[14] Pramanik N，Panda R K，Singh A. Daily river flow forecasting using wavelet ANN hybrid models[J]. Journal of Hydroinformatics，2011，13（1）：49-63.

第 5 章　东江流域模型精度及其径流不确定性分析

由第 4 章可知，数学统计模型对数据要求不高，易于操作，且对单因子日径流预测与多因子月径流模拟皆具有较好的模型适用性，模型模拟与预测效率高[1, 2]。但是随着水文不确定性加大，数据非平稳性增强，同时在月尺度数据较为缺乏的情况下，常规数学统计模型在提高预测精度方面慢慢显示出不足[3]，为此，将数据预处理方法与常规数学统计模型结合形成混合模型对流域径流进行模拟与预测，从而提高精度。当前，越来越多的研究把小波分析作为预处理方法，使用小波分析结合人工神经网络构成小波人工神经网络模型对水文序列进行模拟与预测研究。在小波人工神经网络模型中，小波分解作为数据预处理的方法，其母小波选取和等级选取直接或间接影响小波人工神经网络模型模拟与预测结果，然而这方面的研究尚处于起步阶段。为此，本章首先尝试对单因子情况下径流序列进行多个不同的母小波分解，选取最优小波再进行多个等级的分解，确定最佳分解小波后对流域进行单因子日尺度与月尺度径流预测。然后尝试在多因子条件下对多个输入变量分别进行多个不同的母小波分解，选取最优小波再进行多个等级的分解，确定最佳分解小波后对流域进行多因子条件下日径流与月径流模拟。

同时，由第 1 章可知，在径流模拟和预测的研究中，模型不确定性问题是国内外研究者关注的热点。影响径流模拟与预测结果的模型不确定性有 3 个因素：①数据不确定性（数据的质量和代表性）；②模型精度不确定性（模型存在过拟合情况）；③参数不确定性（模型参数的合适值）[4]。针对第一个因素，本书采用自助法（Bootstrap）对东江流域 4 个水文站点基准期径流数据进行重采样，并结合小波人工神经网络模型进行滞后期为 1d 的单因子日径流预测不确定性研究。针对第二个因素，本书采用 5 折交叉验证法结合小波人工神经网络模型对基准期日径流进行预测。针对第三个因素，本书采用似然不确定性估计（generalized likelihood uncertainty estimation，GLUE）方法对 GR4J 水文模型参数进行不确定性研究，并根据结果研究流域多因子条件下日径流模拟不确定性问题。

通过以上分析，本章首先研究如何提高径流模拟与预测精度的方法在东江流域的适用性，在此基础上系统地探讨影响径流模拟与预测结果的模型不确定性的 3 个因素，为研究流域径流模拟与预测精度优化与径流不确定性提供参考。

5.1　研　究　方　法

5.1.1　小波分析

小波分析也称为小波变换，是一种先进的信号处理工具，自 1984 年 Grossmann 和 Morlet[5]提出后，其理论不断发展，吸引了越来越多的人的关注。它通过平移母小波获得信号的时间信息，缩放小波的宽度获得信号的频率特性，分解原始信号，获取信号内部信息。小波分析的一个重要性质是它在时域和频域均具有很好的局部化特征，它能够提供目标信号各个频率子段的频率信息。这种信息对于信号分类是非常有用的。小波分析分为离散小波分析和连续小波分析，对于水文和气象时间序列，由于序列都是离散的点数据，因此本书采用离散小波分析进行分析[1]。

在离散小波分析中，时间序列 $f(t)$ 的小波分析定义为

$$f(a,b) = \frac{1}{\sqrt{a}} \int_{-\infty}^{\infty} f(t)\varphi\left(\frac{t-b}{a}\right)\mathrm{d}t \tag{5-1}$$

式中，$\varphi(t)$ 为有效长度为 t 的母小波，其时间长度一般比 $f(t)$ 更短；变量 a 为伸缩因子；变量 b 为平移因子。执行离散小波分析的有效方法是使用滤波器，这种方法是 Mallat 在 1988 年开发的，称为 Mallat 算法。这种方法实际上是一种信号的分解方法，在数字信号处理中称为双通道子带编码。其中，S 表示原始的输入信号，通过两个互补的滤波器产生 A 和 D 两个信号。A 表示信号的近似值（approximations），D 表示信号的细节值（detail）。在许多应用中，信号的低频部分是最重要的，而高频部分起一个"添加剂"的作用。在小波分析中，近似值 A 是大的缩放因子产生的系数，表示信号的低频分量。而细节值 D 是小的缩放因子产生的系数，表示信号的高频分量。

5.1.2　GLUE 方法

Beven 在研究异参同效现象的影响时，提出了 GLUE 方法[6]。Beven 认为模型模拟和预测的效果不是由模型的单个参数决定的，而是由一组模型参数决定的。采用 GLUE 方法进行 GR4J 水文模型不确定性分析的内容主要包括定义似然目标函数、确定参数取值范围与先验分布形式、分析模型不确定性等。具体计算步骤如下所述。

1. 定义似然目标函数

似然目标函数主要用于判断模型模拟或预测结果与实测值之间的拟合程度，一般使用纳什系数作为似然目标函数：

$$L[M(\theta_j)/Y] = 1 - \frac{\sum_{i=1}^{n}(Q_{m,i} - Q_{s,i})^2}{\sum_{i=1}^{n}(Q_{m,i} - \bar{Q}_m)^2} \qquad (5\text{-}2)$$

式中，$L[M(\theta_j)/Y]$ 为第 $j\{j=1,2,3,\cdots,l\}$ 组参数的似然依据，$M(\theta_j)$ 为第 j 次有效模拟，θ_j 为对应参数组，l 为有效模拟总次数；Y 为实测流量构成的向量；$Q_{m,i}$ 为 i 时刻的实测流量；$Q_{s,i}$ 为 i 时刻的模拟流量；$\bar{Q}_m$ 为实测平均流量；n 为时段数。

2. 确定参数的取值范围与先验分布形式

依据参数的物理特性和已有应用经验，确定模型参数的取值范围。通常情况下，难以确定参数的先验分布形式，常用均匀分布代替。

3. 模型参数的不确定性分析

在参数取值范围内，对参数采样生成若干参数组，进行 GR4J 水文模型模拟并计算各次模拟结果的似然判断值。指定似然判断阈值，低于阈值的似然值为 0，高于阈值的似然值为有效参数组，通过点绘参数与似然值的散点图，分析模型参数的不确定性。

4. 估算一定置信区间的模拟结果不确定性范围

给定显著性水平 α，则对应置信水平为 $1-\alpha$，$\alpha\%$ 显著性水平的置信区间（CI）表明经过多次参数采样后包含真实值在置信区间的频率为 $100\times(1-\alpha)\%$，一般采用典型值 $\alpha=0.05$ 即 95% 置信区间。包含实测流量 y_i 的 $100\times(1-\alpha)\%$ 置信区间（CI）可通过以下公式产生：

$$\text{CI} = [\text{UB}, \text{LB}] = [\hat{y}(x) + t_n^{\alpha/2}\sigma(x), \hat{y}(x) - t_n^{\alpha/2}\sigma(x)] \qquad (5\text{-}3)$$

式中，UB 为置信区间上界；LB 为置信区间下界；$\sigma(x)$ 为 GR4J 水文模型进行参数取样并径流模拟后模拟值的方差；$t_n^{\alpha/2}$ 为 t 分布下自由度为 $n-1$，$\alpha/2$ 的百分位数，n 为观测值的数量。本书采用 α 典型值 $\alpha=0.05$。

5.1.3 自助小波人工神经网络

自助法（Bootstrap）是一种数据驱动下通过数据重采样减少时间序列不确定性的采样方法，它通过对时间序列多次重采样产生多组自助数据，自助数据可用于预测，其预测值可产生均值与置信区间，从而分析时间序列的不确定性。对于一组 n 个未知分布 F 的随机序列 $T_n = [(x_1, y_1),(x_2, y_2),\cdots,(x_n, y_n)]$，$t_i = (x_i, y_i)$ 是关于分布 F 的独立同分布数据，其中，x_i 为对应的输入变量，y_i 为对应的输出变量，经验分布函数 $\hat{F}$ 是由 $t_i = (x_i, y_i)$ 构成的离散分布。T_n^* 由 n 组自助数据构成，用于替代经验分布函数 $\hat{F}$。B 组自助数据可构成 $T^1, T^2, \cdots, T^b, \cdots, T^B$，其中 B 的范围一般为 50～200，本书选择 $B = 50$。人工神经网络把每组 T^b 中每一个特别的 x_i 分别作为输入变量，相对应的 y_i 作为输出变量，建立模型。所构建的 B 组小波人工神经网络模型用于序列预测，其输出变量为 $f_{\text{W-ANN}}(x)$，最终的预测值为

$$\hat{y} = \frac{1}{B}\sum_{b=1}^{B} f_{\text{W-ANN}}(x) \tag{5-4}$$

预测值的方差为

$$\sigma^2(x) = \frac{\sum_{b=1}^{B}\sum_{i=A_b}[y_i - f_{\text{W-ANN}}(x_i)]^2}{B-1} \tag{5-5}$$

式中，A_b 为不包含在自助序列中且用于预测的观察值数量；y_i 为序列观测值。

$\alpha\%$ 显著性水平的置信区间表明经过多次自助法后包含真实值在置信区间的频率为 $100 \times (1-\alpha)\%$，一般采用典型值 $\alpha = 0.05$ 即 95% 置信区间。包含实测流量 y_i 的 $100 \times (1-\alpha)\%$ 置信区间可通过以下公式产生：

$$\text{CI} = [\text{UB}, \text{LB}] = [\hat{y}(x) + t_n^{\alpha/2}\sigma(x), \hat{y}(x) - t_n^{\alpha/2}\sigma(x)] \tag{5-6}$$

式中，UB 为置信区间上界；LB 为置信区间下界；$\sigma(x)$ 为 B 组自助序列预测值的方差；$t_n^{\alpha/2}$ 为 t 分布下自由度为 $n-1$，$\alpha/2$ 的百分位数，n 为观测值的数量。本书采用 α 典型值 $\alpha = 0.05$。

5.1.4 交叉验证

常规交叉验证方法包括留 p 验证（leave-p-outcross validation）和 k-fold 交叉验证，本书采用 k-fold 交叉验证。k-fold 交叉验证就是把数据集平均分割为 k 份，

依次选择一份作为测试集，其余作为子训练集，最后得到 k 组预测或者模拟序列，对 k 组序列进行平均即为模型稳定条件下预测或模拟值。

5.1.5　覆盖指数

覆盖指数（percentage of coverage，POC）是衡量有多少实测值在径流预测不确定性区间中的指标[7]。其公式如下：

$$POC = \frac{m}{l} \qquad (5\text{-}7)$$

式中，l 为某一时段径流序列总数；m 为与 l 相同时刻的径流预测置信区间中包含实测值的数量。

5.2　单因子径流预测模型精度研究

为了研究东江流域单因子条件下径流预测模型精度研究，本书使用小波分解法对东江流域 4 个水文站点（龙川、河源、岭下、博罗）基准期（1960～1972 年）的日径流数据进行小波分解，通过确定系数（R^2）选择最佳母小波，并结合人工神经网络模型在不同小波等级条件下进行滞后期为 1d 的日径流预测，选取模型精度较高的小波等级，以此模型进行滞后期为 2d 与 3d 的日径流预测。

5.2.1　母小波选取

合适的母小波可以有效捕捉信号的内部特征，同时会提高模型预测的效率[1]。因此，母小波的选取会间接影响模型的预测效率。本书分别对龙川水文站、河源水文站、岭下水文站、博罗水文站 1960～1972 年日径流量使用 Coif1 小波、Haar 小波、Db2～Db10 小波及 Sym2～Sym4 小波进行分解，通过确定系数进行母小波比较，从而选择确定系数最高的母小波分解径流序列，以此作为神经网络的输入变量[1]。

从表 5-1 可知，除河源水文站径流最佳母小波为 Db6 小波外，其余 3 个水文站点径流最佳母小波皆为 Db10 小波。Db 小波对龙川水文站、岭下水文站、博罗水文站的径流量分解确定系数逐渐上升，Db2 最小，3 个水文站点分别为 0.9103、0.9637 与 0.9842，Db10 小波最大，3 个水文站点分别为 0.9250、0.9701 与 0.9929。Db 小波对河源水文站径流分解确定系数呈现中间高两边低的趋势，其中，Db6 小波确定系数最高，为 0.9374。在 Sym 小波中，龙川水文站与岭下水文站最佳 Sym 小波为 Sym3 小波，其确定系数分别为 0.9176 与 0.9669，河源水文站与博罗水文站最佳 Sym 小波为 Sym4 小波，确定系数分别为 0.9372 与 0.9910。Haar 小波作为一种简单的小波，其对 4 个水文站点径流分解效果较差，是所选小波中确定系数最低的小波，4 个水文站点的确定系数分别为 0.8809、0.9004、0.9431、0.9694。Coif 小波作为一种常规小波，除了在龙川水文站径流分解中效果较差，确定系数为 0.9001 外，其余 3 站分解效果良好。

表 5-1   东江流域径流母小波确定系数分析

确定系数（R^2）	龙川	河源	岭下	博罗
Haar 小波	0.8809	0.9004	0.9431	0.9694
Db2 小波	0.9103	0.9019	0.9637	0.9842
Db3 小波	0.9176	0.9099	0.9669	0.9890
Db4 小波	0.9170	0.9229	0.9651	0.9914
Db5 小波	0.9155	0.9336	0.9631	0.9924
Db6 小波	0.9161	0.9374	0.9628	0.9925
Db7 小波	0.9188	0.9345	0.9645	0.9923
Db8 小波	0.9223	0.9286	0.9673	0.9923
Db9 小波	0.9248	0.9242	0.9697	0.9925
Db10 小波	0.9250	0.9243	0.9701	0.9929
Sym2 小波	0.9103	0.9019	0.9637	0.9842
Sym3 小波	0.9176	0.9099	0.9669	0.9890
Sym4 小波	0.9120	0.9372	0.9597	0.9910
Coif1 小波	0.9001	0.9345	0.9517	0.9865

综上所述，本书对龙川水文站、岭下水文站、博罗水文站日径流进行 Db10 小波分解，对河源水文站日径流进行 Db6 小波分解，通过不同小波等级的分解，结合人工神经网络进行日径流预测，进一步讨论小波人工神经网络小波等级选取问题。

5.2.2   小波人工神经网络日径流预测小波等级选取及模型构建

在径流预测中，合适的小波分解等级能有效分解原始序列，保留序列信息，从而提高模型预测精度。大部分对小波分解等级的研究仅停留在主观判断上，并没有客观对其进行分析。Wang 和 Ding[8]提出了使用公式去判断小波分解的最大等级，但是公式仅考虑时间序列长度，并没有考虑序列的季节特性[1]。如图 5-1 所示，龙川水文站径流小波等级 5 的细节值分别为 $D1$、$D2$、$D3$、$D4$ 和 $D5$，其中，细节值 $D1$、$D2$、$D3$ 分别把原始序列分解为 2^1 天、2^2 天、2^3 天模式，这三种模式接近于信号每周的模式；细节值 $D4$、$D5$ 分别把原始序列分解为 2^4 天、2^5 天模式，这两种模式接近于信号每月的模式[1]。对于等级 8 而言，$D6$、$D7$ 把原始序列分解

为 2^6 天和 2^7 天模式，$D8$ 把原始序列分解为 2^8 天模式，近似于信号每年的模式[1]。为了对不同小波等级进行全面分析，本书对东江流域 4 个水文站点日径流进行包含每周、每月及每年模式的等级 2 到等级 8 的小波分解，把各等级分解信号作为人工神经网络输入因子，隐含层选择 5 层，4 个水文站点日径流量作为输出因子，构建小波人工神经网络进行滞后期为 1d 的日径流预测。

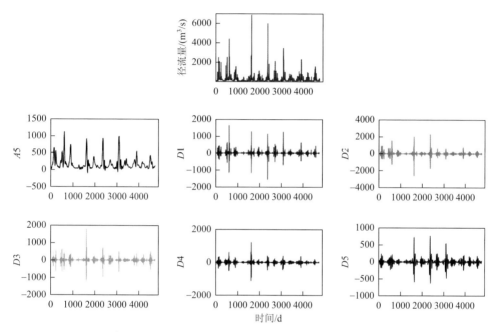

图 5-1　龙川水文站径流小波分解等级 5 高通与低通信号

使用构建好的 W-ANN 模型对东江流域 4 个水文站点 1960～1969 年进行滞后期为 1d 的单因子日径流预测模型率定，通过 R 与 NSE 评价模型率定结果，其率定结果见表 5-2。

表 5-2　东江流域 1960～1969 年日径流预测 W-ANN 模型性能

小波等级	龙川		河源		岭下		博罗	
	R	NSE	R	NSE	R	NSE	R	NSE
2	0.880	0.772	0.911	0.829	0.943	0.885	0.971	0.944
3	0.868	0.720	0.903	0.813	0.933	0.870	0.966	0.933
4	0.858	0.735	0.829	0.685	0.929	0.847	0.968	0.936
5	0.869	0.755	0.910	0.828	0.934	0.871	0.969	0.939
6	0.880	0.772	0.885	0.783	0.931	0.866	0.965	0.929
7	0.869	0.753	0.885	0.784	0.937	0.877	0.967	0.935
8	0.879	0.770	0.889	0.789	0.929	0.856	0.967	0.935

根据构建好的小波人工神经网络模型进行滞后期为 1d 的日径流预测,通过纳什系数(NSE)与均方根误差(RMSE)对不同等级的小波神经网络模型进行评价,结果见表 5-3 和表 5-4。

表 5-3　1970~1972 年东江流域不同等级小波人工神经网络纳什系数评价

小波等级	龙川	河源	岭下	博罗
2	0.765	0.755	0.892	0.880
3	0.759	0.736	0.884	0.873
4	0.751	0.730	0.874	0.872
5	0.738	0.729	0.864	0.867
6	0.732	0.715	0.858	0.865
7	0.731	0.712	0.854	0.856
8	0.727	0.701	0.849	0.859

表 5-4　1970~1972 年东江流域不同等级小波人工神经网络均方根误差评价

(单位:m^3/s)

小波等级	龙川	河源	岭下	博罗
2	86.62	137.92	129.21	202.27
3	87.72	143.32	133.78	208.20
4	89.15	144.95	139.52	208.94
5	91.47	145.29	144.86	212.92
6	92.51	148.85	148.03	214.83
7	92.79	149.61	149.80	221.66
8	93.34	152.47	152.43	219.78

从表 5-3 和表 5-4 可知,4 个水文站点中,河源水文站小波人工神经网络模型性能较低,各等级纳什系数皆低于其他 3 个水文站点,且所有等级纳什系数均低于 0.76。岭下水文站与博罗水文站小波神经网络模型性能较高,所有等级纳什系数皆高于 0.84。除博罗水文站外,4 个水文站点纳什系数随小波等级 2 到小波等级 8 逐渐降低,3 个水文站点(龙川、河源、岭下)小波等级 2 纳什系数分别为 0.765、0.755 与 0.892,而小波等级 8 纳什系数分别为 0.727、0.701 与 0.849。博罗水文站虽然小波等级 7 的纳什系数低于小波等级 8 的纳什系数,但是其结果相近,分别为 0.856 与 0.859,而小波等级 2 的纳什系数仍最高,为 0.880。推测这是由于小波等级 2 对时间序列分解的细节值最大为 $D2$,而 $D2$ 把原始序列分解为 2^2 天模式,较为接近序列日径流模式[1],所以,模型性能较佳。

类似于 4.3.3 节分析结果,在常规情况下,东江流域上游到下游龙川水文站、河源水文站、岭下水文站、博罗水文站径流量不断增大，均方根误差会随之而逐渐增大。其中，龙川水文站地处上游，小波等级 2 到小波等级 8 的小波人工神经网络均方根误差低于其他 3 个水文站点，其中，小波等级 2 的均方根误差最低，为 86.62m^3/s，等级 8 的均方根误差最高，为 93.34m^3/s。博罗水文站地处下游，小波等级 2 到小波等级 8 的小波人工神经网络均方根误差高于其他 3 个水文站点，其中，小波等级 2 的均方根误差最低，为 202.27m^3/s，等级 8 的均方根误差最高，为 219.78m^3/s。龙川水文站与博罗水文站各模型均方根误差结果符合常规性判断。然而，岭下水文站地处东江流域中下游，不同小波等级的小波人工神经网络均方根误差与河源水文站接近，且岭下水文站小波等级 2 的均方根误差为 129.21m^3/s，低于河源水文站的 137.92m^3/s。这与 4.3.3 节结论相同，在此不再详述。4 个水文站点小波等级为 2 的均方根误差最低，模型预测效果较佳。

综上所述，东江流域 4 个水文站点基准期日径流预测合适的小波分解等级是小波等级 2，由小波等级 2 分解的序列结合人工神经网络进行预测的模型性能最好，预测精度最高，误差最小。

5.2.3　小波人工神经网络日径流预测

由 5.2.2 节可知，小波等级 2 分解的小波人工神经网络模型在东江流域 4 个水文站点性能最好，预测精度最高，误差最小。根据 4.3.2 节，从东江流域 4 个水文站点小波人工神经网络模型验证期 1970～1972 年预测结果中选择具有峰值的年份进行细节研究。仍选取验证期 1970 年龙川水文站、岭下水文站、博罗水文站日径流预测结果用于细节研究，选取验证期 1972 年河源水文站日径流结果用于细节研究，预测结果见图 5-2。

从图 5-2 与表 5-5 可知，小波人工神经网络模型对 4 个水文站点枯水期日径流预测效果较好，对龙川水文站与河源水文站日径流峰值预测效果较差，对岭下水文站与博罗水文站峰值预测效果较好。龙川水文站、河源水文站、岭下水文站、博罗水文站的丰水期实测均值分别为 258.38m^3/s、534.09m^3/s、711.27m^3/s、979.42m^3/s，W-ANN 预测所得的丰水期均值为 253.06m^3/s、541.05m^3/s、737.24m^3/s、968.89m^3/s。4 个水文站点丰水期均值较为接近，且岭下水文站与博罗水文站相对误差较低，两者皆低于 0.2，仅 0.154 与 0.163，龙川水文站与河源水文站丰水期相对误差虽然高于岭下水文站与博罗水文站，但是也低于 0.23，为 0.216 与 0.222，推测小波分析对径流序列进行有效分解，获取了序列细节信息，结合人工神经网络进行预测可以较为准确地捕捉峰值信息。龙川水文站、河源水文站、岭下水文站、博罗水文站的枯水期均值分别为 127.93m^3/s、207.29m^3/s、417.78m^3/s、477.72m^3/s，W-ANN 预测所得的枯水期均值为 126.45m^3/s、230.05m^3/s、442.82m^3/s、461.67m^3/s。4 个

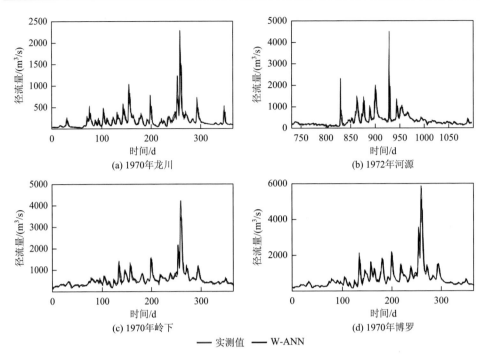

图 5-2　东江流域小波人工神经网络单因子日径流预测细节结果

水文站点枯水期实测值与 W-ANN 预测值比丰水期的结果更为接近,枯水期相对误差比丰水期相对误差更低,4 个水文站点中,枯水期相对误差最大是河源水文站,为 0.185,相对误差最小的是博罗水文站,为 0.069,推测枯水期径流变化幅度不大,模型预测效果更佳。

表 5-5　东江流域 W-ANN 枯水期与丰水期均值预测细节结果

水文站点	枯水期			丰水期		
	实测均值/(m³/s)	W-ANN 均值/(m³/s)	相对误差	实测均值/(m³/s)	W-ANN 均值/(m³/s)	相对误差
龙川	127.93	126.45	0.157	258.38	253.06	0.216
河源	207.29	230.05	0.185	534.09	541.05	0.222
岭下	417.78	442.82	0.103	711.27	737.24	0.154
博罗	477.72	461.67	0.069	979.42	968.89	0.163

　　为了进一步研究小波分析对模型预测精度的影响,本书把小波等级 2 的小波人工神经网络单因子日径流预测结果与人工神经网络单因子日径流预测结果进行模型精度评价,结果见图 5-3。

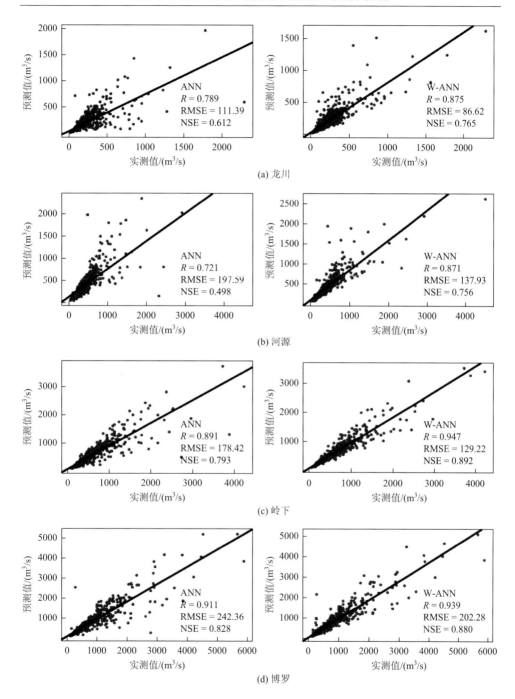

图 5-3　东江流域 1970~1972 年 ANN 与 W-ANN 单因子日径流预测性能

从图 5-3 可知，经过小波分解后的人工神经网络模型预测精度极大提高，龙川水文站与河源水文站人工神经网络相关系数皆低于 0.8，分别为 0.789 与 0.721，纳什系数皆低于 0.62，分别为 0.612 与 0.498，而龙川水文站与河源水文站小波神经网络相关系数高于 0.85，分别为 0.875 与 0.871，而纳什系数则分别为 0.765 与 0.756。虽然岭下水文站与博罗水文站人工神经网络模型预测精度较高，相关系数均高于 0.89，纳什系数均高于 0.79，但是小波人工神经网络仍极大提高了模型预测精度，岭下水文站与博罗水文站相关系数均高于 0.93，分别为 0.947 与 0.939，纳什系数均大于等于 0.88，分别为 0.892 与 0.880。

综上所述，小波分解极大地提高了神经网络模型预测精度，推测应用于 2d、3d 滞后期单因子日径流预测、1 个月滞后期的单因子月径流预测及多因子径流模拟能提高较大精度。

为了验证小波人工神经网络在 2d 滞后期与 3d 滞后期单因子日径流预测的适用性，本书继续使用小波等级 2 的小波人工神经网络对 4 个水文站点进行滞后期 2d 与 3d 的日径流预测，预测结果与人工神经网络结果进行比较，具体见表 5-6 与表 5-7。

表 5-6　东江流域 ANN 与 W-ANN 1970～1972 年 2d 滞后期日径流预测性能

水文站点	R		NSE		RMSE/(m³/s)	
	ANN	W-ANN	ANN	W-ANN	ANN	W-ANN
龙川	0.545	0.803	0.277	0.644	152.04	106.62
河源	0.569	0.786	0.278	0.614	237.06	173.41
岭下	0.741	0.884	0.528	0.781	269.65	183.78
博罗	0.769	0.881	0.579	0.763	378.78	284.62

表 5-7　东江流域 ANN 与 W-ANN 1970～1972 年 3d 滞后期日径流预测性能

水文站点	R		NSE		RMSE/(m³/s)	
	ANN	W-ANN	ANN	W-ANN	ANN	W-ANN
龙川	0.440	0.713	0.165	0.506	163.32	125.63
河源	0.476	0.653	0.173	0.421	253.61	212.33
岭下	0.629	0.804	0.373	0.644	310.80	234.23
博罗	0.652	0.823	0.410	0.656	448.95	342.89

从表 5-6 和表 5-7 可知，小波分析这种预处理方法极大提高了人工神经网络的模型预测精度，整体上滞后期为 2d 与 3d 的 4 个水文站点 W-ANN 相关系数与纳什系数均高于 ANN，W-ANN 均方根误差均低于 ANN，4 个水文站点 2d 滞后期 ANN 均方根误差范围为 152.04～378.78m³/s，而 W-ANN 均方根误差范围仅为 106.62～284.62m³/s，4 个水文站点 3d 滞后期 ANN 均方根误差范围为 163.32～

448.95m³/s，而 W-ANN 均方根误差范围仅为 125.63～342.89m³/s。其中，滞后期为 2d 的龙川水文站和河源水文站 W-ANN 纳什系数从 ANN 模型结果 0.277 与 0.278 提升到 0.644 与 0.614，滞后期为 3d 的龙川水文站和河源水文站 W-ANN 纳什系数从 ANN 的 0.165 与 0.173 提升到 0.506 与 0.421，且 W-ANN 滞后期为 2d 的相关系数均高于 0.75，滞后期为 3d 的相关系数均高于 0.65，而龙川水文站与河源水文站滞后期为 2d 的 ANN 相关系数仅为 0.545 与 0.569，滞后期为 3d 的 ANN 相关系数仅为 0.440 与 0.476。岭下水文站与博罗水文站 2d 与 3d 滞后期 W-ANN 相关系数均高于 0.8，且滞后期 2d 的纳什系数高于 0.75，滞后期为 3d 的纳什系数均高于 0.6，相比 ANN，W-ANN 通过小波分析提取了序列内部信息，能对序列进行更好地训练与率定，更适用于东江流域长滞后期的日径流预测。

5.2.4　小波人工神经网络月径流预测小波等级选取及模型构建

由 5.2.2 节可知，小波等级 5 的细节值分别为 D1、D2、D3、D4 和 D5，细节值 D5 把原始序列分解为 2^5 天模式，这种模式接近于信号每月的模式[1]。为此，把小波等级 5 的分解信号作为神经网络输入因子，隐含层选择 5 层，4 个水文站点月径流量作为输出因子构建小波神经网络对东江流域龙川水文站、河源水文站、岭下水文站、博罗水文站基准期 1960～1972 年进行滞后期为 1 个月的月径流预测。

使用构建好的 W-ANN 模型对东江流域 4 个水文站点 1960～1969 年进行滞后期为 1 个月的单因子月径流预测模型率定，通过 R 与 NSE 评价模型率定结果，其率定结果见表 5-8。

表 5-8　东江流域 1960～1969 年月径流预测 W-ANN 模型性能

水文站点	R	NSE
龙川	0.673	0.450
河源	0.692	0.419
岭下	0.699	0.466
博罗	0.696	0.471

5.2.5　小波人工神经网络月径流预测

使用小波等级 5 的小波神经网络对东江流域 4 个水文站点进行滞后期为 1 个月的月径流预测，其预测结果与 4.3.5 节人工神经网络预测结果进行比较，具体见图 5-4。

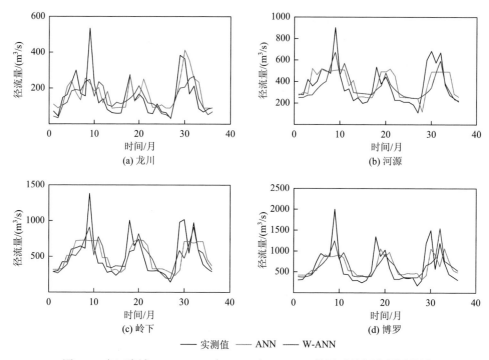

图 5-4　东江流域 1970～1972 年 ANN 与 W-ANN 单因子月径流预测结果

　　龙川水文站、河源水文站、岭下水文站、博罗水文站的丰水期均值分别为 164.99m³/s、383.78m³/s、537.54m³/s、682.79m³/s，ANN 预测所得的丰水期均值为 178.32m³/s、392.35m³/s、529.17m³/s、658.16m³/s，相对误差分别为 0.566、0.329、0.322、0.428。而 W-ANN 预测所得的丰水期均值为 156.48m³/s、368.15m³/s、521.82m³/s、657.21m³/s，相对误差分别为 0.436、0.287、0.296 与 0.368。虽然 4 个水文站点 W-ANN 模型相对误差低于 ANN，且两个模型丰水期预测均值与实测均值较为接近，但是由于月尺度下数据量较少，因此经过小波分解后的神经网络模型无法使用足够多的小波分解信号进行训练和率定，其预测结果相比常规神经网络模型精度提高并不明显，W-ANN 对 4 个水文站点的峰值仍难以进行有效捕捉，其对 4 个水文站点峰值的预测精度高于 ANN，但是整体上仍精度较低。龙川水文站、河源水文站、岭下水文站、博罗水文站的枯水期均值分别为 151.43m³/s、367.08m³/s、504.09m³/s、630.04m³/s，ANN 预测所得的枯水期均值为 164.45m³/s、379.32m³/s、510.46m³/s、632.84m³/s，W-ANN 预测所得的枯水期均值为 141.31m³/s、349.54m³/s、494.73m³/s、630.18m³/s，两组模型枯水期预测均值相差不大，且数值接近实测均值，4 个水文站点 W-ANN 枯水期相对误差仍低于 ANN 的相对误差，其中，龙川水文站相对误差下降较大，从 0.534 下降到 0.416，其他 3 个水文站点下降较少，河源水文站从 0.319 下降到 0.259，岭下水文站从 0.320 下降到 0.277，博罗水文站从 0.424 下降到 0.376。整体上，由于东江流域基准期月径流序列长度较短，小波分析对月径流序列分解后无法获取较多的序列内部信息，结合人工神经网络后虽一定程度上提高了模型预测精度，但是仍难以适用于月径流预测。

表 5-9 可知，虽然经过小波分解后的神经网络提高了模型预测精度，4 个水文站点 ANN 相关系数分别是 0.617、0.589、0.578、0.560，而 W-ANN 的相关系数为 0.653、0.702、0.713、0.686，ANN 纳什系数分别为 0.348、0.331、0.324、0.314，W-ANN 的纳什系数为 0.415、0.481、0.506 与 0.468，但是 ANN 与 W-ANN 相关系数皆低于 0.72，纳什系数皆低于 0.51，模型在东江流域基准期月径流预测中适用性较低，推测通过径流还原方法对非一致性月径流序列进行还原，延长月径流序列，结合小波神经网络进行预测，能提高模型预测精度。

表 5-9　东江流域 ANN 与 W-ANN 1970～1972 年月径流预测性能

水文站点	R		NSE		RMSE/(m³/s)	
	ANN	W-ANN	ANN	W-ANN	ANN	W-ANN
龙川	0.617	0.653	0.348	0.415	87.03	82.44
河源	0.589	0.702	0.331	0.481	138.31	121.83
岭下	0.578	0.713	0.324	0.506	226.69	193.78
博罗	0.560	0.686	0.314	0.468	339.23	298.53

5.3　多因子径流模拟模型精度研究

5.3.1　母小波选取

由 5.2.1 节可知，合适的母小波可以有效捕捉信号的内部特征，同时会提高模型预测的效率[1]。为此，在多因子径流模拟中，本书分别对龙川水文站、河源水文站、岭下水文站、博罗水文站 1960～1972 年经过 IDW 插值后的日降雨量与日潜在蒸发量使用 Coif1 小波、Haar 小波、Db2～Db10 小波及 sym2～sym4 小波进行分解，通过确定系数进行母小波比较，从而选择确定系数最高的母小波分解降雨序列与潜在蒸发序列，以此作为神经网络的输入变量[1]。

从表 5-10 可知，除河源水文站降雨量最佳母小波为 Db6 小波外，其他 3 个水文站降雨量与潜在蒸发量、河源水文站潜在蒸发量最佳母小波皆为 Db10 小波。Db 小波中分解效果较差的小波是 Db2 小波，其余 Db 小波分解效果较好的包括 Db4 小波与 Db5 小波。在 Sym 小波中，4 个水文站点降雨量最佳 Sym 小波为 Sym4 小波，潜在蒸发量最佳 Sym 小波为 Sym3 小波。Haar 小波作为一种简单的小波，其对 4 个水文站点降雨量与潜在蒸发量分解效果较差，是所选小波中确定系数最低的小波，4 个水文站点降雨量的确定系数分别为 0.8844、0.8711、0.8611、0.8428，潜在蒸发量的确定系数分别为 0.6937、0.7212、0.7160、0.6884。Coif 小波作为一种常规小波，分解效果优于 Haar 小波，但是差于 Sym 小波与最佳 Db。

表 5-10   东江流域降雨与潜在蒸发母小波确定系数分析

确定系数（R^2）	降雨量				潜在蒸发量			
	龙川	河源	岭下	博罗	龙川	河源	岭下	博罗
Haar 小波	0.8844	0.8711	0.8611	0.8428	0.6937	0.7212	0.7160	0.6884
Db2 小波	0.8961	0.8825	0.8731	0.8566	0.7226	0.7437	0.7408	0.7155
Db3 小波	0.9028	0.8883	0.8782	0.8624	0.7393	0.7559	0.7595	0.7397
Db4 小波	0.9084	0.8939	0.8830	0.8667	0.7445	0.7602	0.7678	0.7519
Db5 小波	0.9116	0.8980	0.8864	0.8688	0.7398	0.7571	0.7649	0.7505
Db6 小波	0.9120	0.8994	0.8870	0.8685	0.7323	0.7520	0.7579	0.7423
Db7 小波	0.9108	0.8984	0.8855	0.8670	0.7292	0.7509	0.7546	0.7357
Db8 小波	0.9097	0.8970	0.8843	0.8667	0.7327	0.7553	0.7581	0.7355
Db9 小波	0.9100	0.8967	0.8850	0.8685	0.7398	0.7619	0.7653	0.7411
Db10 小波	0.9118	0.8980	0.8873	0.8715	0.7456	0.7661	0.7711	0.7484
Sym2 小波	0.8961	0.8825	0.8731	0.8566	0.7226	0.7437	0.7408	0.7155
Sym3 小波	0.9028	0.8883	0.8782	0.8624	0.7393	0.7559	0.7595	0.7397
Sym4 小波	0.9097	0.8966	0.8832	0.8643	0.7253	0.7474	0.7535	0.7351
Coif1 小波	0.9048	0.8907	0.8769	0.8576	0.7181	0.7394	0.7480	0.7314

综上所述，本书对龙川水文站、岭下水文站、博罗水文站日降雨与日潜在蒸发进行 Db10 小波分解，对河源水文站日降雨进行 Db6 小波分解，日潜在蒸发进行 Db10 小波分解。

5.3.2   小波人工神经网络日径流模拟小波等级选取及模型构建

由 5.2.2 节与 5.2.3 节分析结果，本书选择小波等级 2 对东江流域 4 个水文站点日降雨量与日潜在蒸发量进行小波分解，把各等级分解信号 A2、D1、D2 作为神经网络输入因子，隐含层选择 5 层，4 个水文站点日径流量作为输出因子，构建 6-5-1 的小波人工神经网络进行日径流模拟。

使用构建好的 W-ANN 模型对东江流域 4 个水文站点 1960～1969 年进行多因子日径流模拟模型率定，通过 R 与 NSE 评价模型率定结果，其率定结果见表 5-11。

表 5-11　东江流域 1960～1969 年日径流模拟 W-ANN 模型性能

水文站点	R	NSE
龙川	0.689	0.474
河源	0.603	0.364
岭下	0.619	0.383
博罗	0.553	0.306

5.3.3　小波人工神经网络日径流模拟

本书使用小波等级 2 的小波人工神经网络模型对东江流域 4 个水文站点基准期进行日径流模拟，选择验证期 1970～1972 年模型纳什系数与 GR4J 水文模型和 ANN 模型最佳纳什系数进行模型精度比较，结果见表 5-12。

表 5-12　东江流域 1970～1972 年日径流模拟模型纳什系数

水文站点	GR4J	ANN	W-ANN
龙川	0.712	0.168	0.4286
河源	0.396	0.051	0.1762
岭下	0.795	0.179	0.3873
博罗	0.935	0.133	0.3358

从表 5-12 可知，W-ANN 模型极大提高了 ANN 模型在日径流模拟中的模型模拟性能，4 个水文站点 NSE 从 0.168、0.051、0.179、0.133 提升到 0.4286、0.1762、0.3873、0.3358。然而，与 GR4J 水文模型模拟效果相比，W-ANN 模型仍无法用于流域日径流模拟。4 个水文站点 W-ANN 模型纳什系数均低于 0.45，而 GR4J 水文模型除河源水文站纳什系数较低，为 0.396 外，其他 3 个水文站点纳什系数均高于 0.7。这表明，虽然小波分解能有效提高 ANN 模型模拟精度，但是由于 ANN 模型没有物理成因的背景，日径流模拟中气象要素与径流要素存在的滞后性问题无法在模型中体现，即使进行小波分解有效提取了日气象数据内部信息，提高了模型精度，仍无法适用于东江流域基准期日径流模拟。

5.3.4　小波人工神经网络月径流模拟小波等级选取及模型构建

为了进一步研究小波神经网络在多因子月径流模拟中的适用性，本书选择小波等级 5 对东江流域 4 个水文站点月降雨量与月潜在蒸发量进行小波分解，把各

等级分解信号 $A5$、$D1$、$D2$、$D3$、$D4$、$D5$ 作为神经网络输入因子，隐含层选择 5 层，4 个水文站点月径流量作为输出因子，构建 12-5-1 的小波神经网络进行月径流模拟。

使用构建好的 W-ANN 模型对东江流域 4 个水文站点 1960～1969 年进行多因子月径流模拟模型率定，通过 R 与 NSE 评价模型率定结果，其率定结果见表 5-13。

表 5-13　东江流域 1960～1969 年月径流模拟 W-ANN 模型性能

水文站点	R	NSE
龙川	0.956	0.909
河源	0.902	0.809
岭下	0.926	0.858
博罗	0.904	0.815

5.3.5　小波人工神经网络月径流模拟

本书使用小波等级 5 的小波神经网络模型对东江流域 4 个水文站点基准期进行月径流模拟，选择验证期 1970～1972 年模型纳什系数与 GR4J 水文模型和 ANN 模型纳什系数进行模型精度比较，结果见表 5-14。

表 5-14　东江流域 1970～1972 年月径流模拟模型纳什系数

水文站点	GR4J	ANN	W-ANN
龙川	0.426	0.807	0.9225
河源	0.445	0.669	0.8114
岭下	0.375	0.724	0.8637
博罗	0.748	0.833	0.8758

从表 5-14 可知，W-ANN 模型进一步提高了 ANN 模型在月径流模拟中的模拟性能，4 个水文站点 W-ANN 模型的 NSE 皆高于 0.8，其中，龙川水文站 NSE 最高，为 0.9225，河源水文站 NSE 最低，为 0.8114，而 ANN 模型除龙川水文站与博罗水文站 NSE 高于 0.8 外，河源水文站 NSE 仅为 0.669，岭下水文站 NSE 也只有 0.724。GR4J 水文模型除博罗水文站 NSE 较高，为 0.748 外，龙川水文站、河源水文站、岭下水文站的 NSE 皆低于 0.45，GR4J 水文模型在月径流模拟中效果不佳，这是由于 GR4J 水文模型其物理背景适用于日径流模拟，月气象数据整合了日气象数据的信息，GR4J 水文模型无法从中提取有效信息来进行模型的率定和验证，因此其效果较差[9]。而整合后的月气象序列降低了与月径流序列的滞后性，从而使人工神经网络和小波人工神经网络得到很好的应用。

5.4　数学统计模型径流不确定性分析

使用数学统计模型进行径流模拟与预测不确定性一般包括数据不确定性与模型精度不确定性，自助法作为一种对数据进行重采样的方法，通过多次采样，引入预测均值与预测置信区间概念，既能减少模型数据不确定性，又能分析模型精度不确定性，因此可作为数据预处理方法与数学统计模型结合对流域径流进行分析。

由 4.2.3 节与 5.2.3 节可知，ANN 模型在东江流域单因子日径流预测效果较好，同时，结合小波分解后的 W-ANN 模型能进一步提高模型预测精度。因此，本书采用自助法结合小波神经网络（W-ANN）对东江流域上、中、下游 4 个水文站点（龙川、河源、岭下、博罗）进行单因子日径流不确定性分析。

5.4.1　Bootstrap-WANN 模型在单因子日径流预测不确定性分析

使用自助法对东江流域 4 个水文站点径流序列进行 50 次重采样，并结合小波神经网络模型 Bootstrap-WANN（以下简称 B-WANN）对东江流域上、中、下游 4 个水文站点（龙川、河源、岭下、博罗）1960～1972 年基准期日径流序列进行滞后期为 1d 的单因子径流预测，ANN 与 W-ANN 作为对比模型，对多组 B-WANN 预测结果求均值与常规 W-ANN、ANN 进行模型预测精度比较，并通过覆盖指数研究东江流域上、中、下游径流预测不确定性。

5.4.2　Bootstrap-WANN 模型构建

由 5.2 节可知，龙川水文站、岭下水文站与博罗水文站径流最佳母小波皆为 Db10 小波，河源水文站径流最佳母小波为 Db6 小波。且小波等级 2 对日径流序列分解后模型预测精度较高，效果较好。因此，本书对龙川水文站、岭下水文站与博罗水文站日径流序列进行小波等级 2 的 Db10 小波分解，对河源水文站日径流序列进行小波等级 2 的 Db6 小波分解，根据分解序列结合神经网络模型进行日径流预测。4 个水文站点的小波分解信号 $A2$、$D1$、$D2$ 作为网络输出层的 3 个神经元，隐含层选择 5 层，构造一个 3-5-1 的反馈神经网络模型，以 1960～1969 年数据作为学习训练集，把学习训练集 80% 数据进行训练，20% 数据进行测试，训练步长为 1000 步，使用列文伯格-马夸尔特反向传播算法（LMBP）[3] 进行模型训练。

5.4.3 Bootstrap-WANN 模型预测结果分析

图 5-5 为龙川水文站 1970～1972 年 B-WANN95%置信区间日径流预测结果。对龙川水文站 50 组 B-WANN 预测结果求均值后计算枯水期预测均值与实测均值进行比较，其中，龙川水文站 1970～1972 年丰水期实测均值为 158.73m³/s，B-WANN 预测均值为 155.2m³/s，枯水期实测均值为 151.66m³/s，B-WANN 预测均值为 148.21m³/s，B-WANN 预测结果丰水期均值与枯水期均值均低于实测均值，枯水期相对误差为 0.136，丰水期相对误差为 0.144，两者均低于 0.15，模型预测精度较高。B-WANN 预测结果均值预测精度较高。整体上龙川水文站 B-WANN 模型日径流预测结果中枯水期实测数据大部分在 95%置信区间内，而丰水期实测数据则有一部分无法包含在 95%置信区间中。由图 5-6 可知，春季、夏季、秋季、冬季覆盖指数分别为 0.75、0.74、0.85 与 0.89，秋季与冬季由于径流量较小，模型预测精度较高，径流预测不确定性较小，覆盖指数较高，春季与夏季处于丰水期，径流量较大，模型预测精度较低，径流预测不确定性较大，覆盖指数较低。在全年 12 个月中，覆盖指数较高的月份分别为 2 月、1 月与 11 月，这 3 个月的覆盖指数均高于 0.9，分别为 0.96、0.95 与 0.94，覆盖指数较低的月份为 4～9 月，其中，5 月覆盖指数最低，为 0.69，6 月次之，为 0.72。

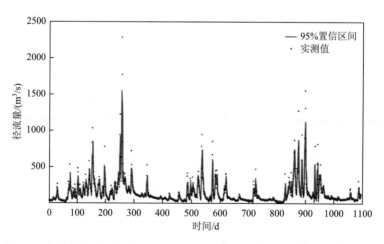

图 5-5 龙川水文站 1970～1972 年 B-WANN 95%置信区间日径流预测结果

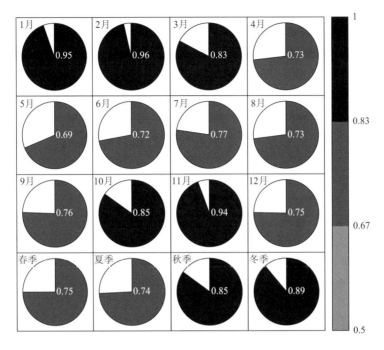

图 5-6　龙川水文站 1970～1972 年 1～12 月及四季日径流覆盖指数

　　图 5-7 为河源水文站 1970～1972 年 B-WANN 95%置信区间日径流预测结果。对河源水文站 50 组 B-WANN 预测结果求均值后计算枯水期预测均值与实测均值进行比较，其中，河源水文站 1970～1972 年丰水期实测均值为 379.42m³/s，B-WANN 预测均值为 382.68m³/s，枯水期实测均值为 367.49m³/s，B-WANN 预测均值为 371.02m³/s，B-WANN 预测结果丰水期均值与枯水期均值均高于实测均值，且枯水期相对误差为 0.171，丰水期相对误差为 0.178，虽然两者均低于 0.2，模型预测精度仍较高，但是枯水期与丰水期相对误差均低于龙川水文站，整体上 B-WANN 模型日径流预测结果不确定性高于龙川水文站，尽管枯水期实测数据仍大部分在 95%置信区间内。由图 5-8 可知，但是春季、夏季、秋季、冬季覆盖指数仅为 0.71、0.71、0.78 与 0.78，四季的覆盖指数均不高于 0.8，在全年 12 个月中，覆盖指数较高的月份与龙川水文站相似，为 11 月、1 月与 2 月，然而这 3 个月的覆盖指数均低于 0.9，分别为 0.86、0.81 与 0.81，覆盖指数较低的月份为 4～9 月，6 个月的覆盖指数均低于 0.75，其中，4 月与 5 月覆盖指数低于 0.7，仅为 0.68 与 0.67，6 月与 8 月次之，为 0.70 与 0.71。

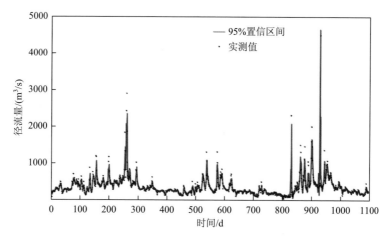

图 5-7　河源水文站 1970～1972 年 B-WANN 95%置信区间日径流预测结果

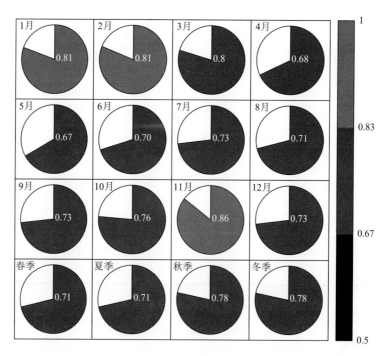

图 5-8　河源水文站 1970～1972 年 1～12 月及四季日径流覆盖指数

　　图 5-9 为岭下水文站 1970～1972 年 B-WANN 95%置信区间日径流预测结果。对岭下水文站 50 组 B-WANN 预测结果求均值后计算枯水期预测均值与实测均值进行比较，其中，岭下水文站 1970～1972 年丰水期实测均值为 520.41m³/s，B-WANN 预测均值为 522.44m³/s，枯水期实测均值为 504.78m³/s，B-WANN 预测均值为

507.13m³/s，类似于河源水文站结论，B-WANN 预测结果丰水期均值与枯水期均值均高于实测均值，枯水期相对误差为 0.104，丰水期相对误差为 0.111，虽岭下水文站地处中下游，但是相对误差低于河源水文站，整体上岭下水文站 B-WANN 模型日径流预测结果不确定性低于河源水文站，枯水期实测数据大部分在 95% 置信区间内，且丰水期实测数据在 95% 置信区间以外的数量较少。由图 5-10 可知，

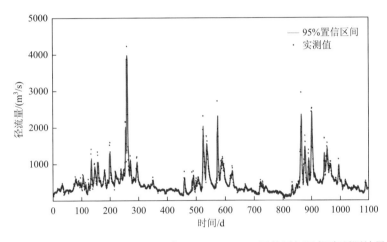

图 5-9　岭下水文站 1970～1972 年 B-WANN 95% 置信区间日径流预测结果

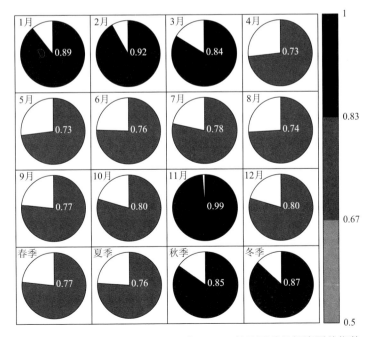

图 5-10　岭下水文站 1970～1972 年 1～12 月及四季日径流覆盖指数

春季、夏季、秋季、冬季覆盖指数为 0.77、0.76、0.85 与 0.87，春季与夏季覆盖指数略高于龙川水文站，冬季覆盖指数略低于龙川水文站。在全年 12 个月中，覆盖指数较高的月份仍为 11 月、2 月与 1 月，其覆盖指数均高于 0.89，其中 2 月与 1 月覆盖指数分别为 0.92 与 0.89，11 月的覆盖指数更高达 0.99。覆盖指数较低的月份为 4～9 月，6 个月的覆盖指数均低于 0.8，其中，4 月、5 月与 8 月覆盖指数较低，分别为 0.73、0.73 与 0.74，6 月与 9 月次之，为 0.76 与 0.77。

　　图 5-11 为博罗水文站 1970～1972 年 B-WANN 95%置信区间日径流预测结果。对博罗水文站 50 组 B-WANN 预测结果求均值后计算枯水期预测均值与实测均值进行比较，其中，博罗水文站 1970～1972 年丰水期实测均值为 654.61m³/s，B-WANN 预测均值为 661.47m³/s，枯水期实测均值为 630.62m³/s，B-WANN 预测均值为 637.17m³/s，类似于河源水文站与岭下水文站结论，B-WANN 预测结果丰水期均值与枯水期均值均高于实测均值，枯水期相对误差为 0.118，丰水期相对误差为 0.129。博罗水文站虽然地处东江流域下游，模型预测不确定性较大，但是整体上基准期 B-WANN 模型日径流预测结果不确定性低于河源水文站。由图 5-12 可知，春季、夏季、秋季、冬季覆盖指数分别为 0.74、0.71、0.85 与 0.86，虽然夏季覆盖指数与河源水文站相同，但是博罗水文站秋季与冬季覆盖指数均高于 0.8，优于河源水文站。在全年 12 个月中，覆盖指数较高的月份为 11 月、1 月与 12 月，其覆盖指数均高于 0.85，其中 1 月与 12 月覆盖指数分别为 0.88 与 0.87，11 月的覆盖指数与岭下水文站相同，为 0.99。覆盖指数较低的月份为 4～9 月，6 个月覆盖指数均低于 0.75，其中，5 月与 8 月覆盖指数较低，均低于 0.7，分别为 0.68 与 0.69，4 月与 6 月次之，均为 0.71。

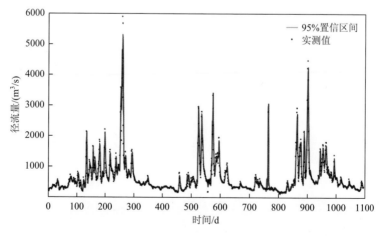

图 5-11　博罗水文站 1970～1972 年 B-WANN 95%置信区间日径流预测结果

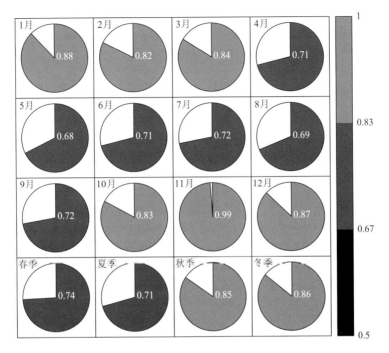

图 5-12　博罗水文站 1970～1972 年 1～12 月及四季日径流覆盖指数

综上所述，相比其他 3 个水文站点，河源水文站径流预测不确定性较大，春季、夏季、秋季、冬季节覆盖系数均低于 0.8，其他 3 个水文站点秋季和冬季覆盖系数均高于 0.8。4 个水文站点春季和夏季覆盖系数较低，模型预测不确定性较大，秋季和冬季覆盖系数较高，模型预测不确定性较少。

5.4.4　Bootstrap-WANN 模型预测精度分析及不确定性评价

本书对多组 B-WANN 求均值并与 W-ANN、ANN 模型精度进行比较，同时在 5.4.3 节的基础上继续采用覆盖指数研究东江流域上、中、下游基准期径流不确定性。详情见表 5-15 和表 5-16。

表 5-15　东江流域 1970～1972 年日径流预测性能

水文站点	研究方法	R	NSE	RMSE/(m³/s)
龙川	B-WANN	0.879	0.771	85.56
	W-ANN	0.857	0.765	86.62
	ANN	0.789	0.612	111.39

续表

水文站点	研究方法	R	NSE	RMSE/(m³/s)
河源	B-WANN	0.879	0.772	133.25
	W-ANN	0.871	0.756	137.93
	ANN	0.721	0.498	197.59
岭下	B-WANN	0.935	0.875	138.85
	W-ANN	0.947	0.892	129.22
	ANN	0.891	0.793	178.42
博罗	B-WANN	0.941	0.886	197.58
	W-ANN	0.939	0.880	202.28
	ANN	0.911	0.828	242.36

表 5-16　1970~1972 年东江流域 95%置信区间覆盖指数

水文站点	整体序列	丰水期	枯水期
龙川	0.808	0.734	0.892
河源	0.749	0.703	0.794
岭下	0.812	0752	0.878
博罗	0.788	0.705	0.878

从表 5-15 和表 5-16 可知,除岭下水文站 B-WANN 的 R 为 0.935,NSE 为 0.875,略低于 W-ANN 的 0.947 与 0.892,B-WANN 的 RMSE 为 138.85m³/s,略高于 W-ANN 的 129.22m³/s 外,其他 3 个水文站点 B-WANN 的 R 与 NSE 略高于 W-ANN,B-WANN 的 RMSE 略低于 W-ANN 的 RMSE。类似于 W-ANN,4 个水文站点 B-WANN 的 NSE 均高于 0.75,其中博罗水文站 NSE 最高,为 0.886,河源水文站与龙川水文站的 NSE 较低,分别为 0.772 与 0.771,4 个水文站点的 R 均高于 0.85,模型在东江流域单因子日径流预测适用性较高。1970~1972 年东江流域龙川水文站、河源水文站、岭下水文站、博罗水文站整体序列覆盖指数分别为 0.808、0.749、0.812、0.788,整体上高于丰水期覆盖指数,低于枯水期覆盖指数。其中,河源水文站整体序列不确定性较大,覆盖指数较低,龙川水文站与岭下水文站整体序列不确定性较小,覆盖指数较高。4 个水文站点丰水期覆盖指数低于枯水期覆盖指数,其中,丰水期覆盖指数均低于 0.8,枯水期覆盖指数除河源水文站外,均高于 0.85,推测这是因为模型对峰值预测精度较低,不确定性较大,对枯值预测精度较高,不确定性较小。其中,河源水文站丰水期与枯水期覆盖指数均低于 0.8,分别为 0.703 与 0.794。博罗水文站地处流域下游,径流量较大,丰水期径流预测精度较低,不确定性较

大，覆盖指数偏低，与河源水文站相近，仅为 0.788，但是枯水期覆盖指数较高，与岭下水文站相同，为 0.878。龙川水文站地处流域上游，径流量较少，枯水期径流不确定性较小，覆盖指数在 4 个水文站点中最高，为 0.892，丰水期覆盖指数与岭下水文站接近，优于河源水文站与博罗水文站，为 0.734。

　　综上所述，进行 Bootstrap 重采样后的 B-WANN 模型在东江流域基准期单因子日径流预测中仍具有较好的适用性，模型性能优于 ANN 模型，且除岭下水文站外，其他 3 个水文站点性能皆优于 W-ANN 模型。东江流域 4 个水文站点丰水期覆盖指数均低于枯水期覆盖指数，这与模型对峰值预测精度较差，不确定性较大有关。中上游河源水文站毗邻新丰江水库，在水库影响下径流不确定性较大，覆盖指数在 4 个水文站点皆为最低。博罗水文站地处下游，径流量较大，丰水期不确定性较大，覆盖指数较低。龙川水文站与岭下水文站整体序列覆盖指数均高于 0.8，径流不确定性较小。

5.5　数学统计模型精度不稳定性研究

　　由 5.4 节可知，数学统计模型进行径流模拟与预测不确定性还包括模型精度不确定性，其中，数据驱动模型（如 ANN 模型）进行径流预测存在过拟合情况，即在训练期模型预测效果较好，而在验证期模型预测效果较差。为了解决模型过拟合问题，从而获得可靠稳定的数据驱动模型进行径流预测，可采用 k 折交叉验证方法结合数据驱动模型进行模型率定与预测。

　　由 4.2.3 节与 5.2.3 节可知，ANN 模型在东江流域单因子日径流预测效果较好，同时，结合小波分解后的 W-ANN 模型能进一步提高模型预测精度。同时，由于基准期序列长度较短，因此，本书放弃常用的 10 折交叉验证方法，采用 5 折交叉验证方法结合 W-ANN 模型对东江流域上、中、下游 4 个水文站点（龙川、河源、岭下、博罗）进行单因子日径流预测，研究交叉验证方法对 W-ANN 模型预测不稳定性的影响。

5.5.1　5 折交叉验证 W-ANN 模型不稳定性研究

　　本书采用 5 折交叉验证方法划分东江流域基准期 1960～1969 年日径流数据为训练期与率定期，选择 1970～1972 年作为龙川、河源、岭下、博罗水文站的模型验证期。划分模式见图 5-13。东江流域 4 个水文站点 M_1、M_2、M_3、M_4、M_5 的率定期（1960～1969 年）日最大径流量（X_{max}）与日最小径流量（X_{min}）见表 5-17。东江流域 4 个水文站点验证期（1970～1972 年）日最大径流量与最小径流量见表 5-18。

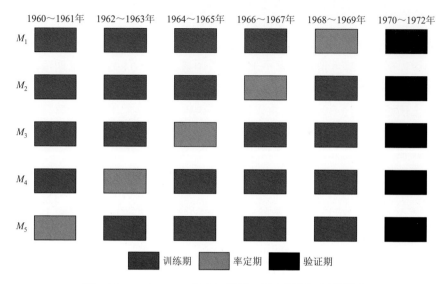

图 5-13　1960～1972 年东江流域 5 折交叉验证划分模式

表 5-17　东江流域率定期（1960～1969 年）统计参数

水文站点	1960～1961 年		1962～1963 年		1964～1965 年		1966～1967 年		1968～1969 年	
	X_{min}/ (m³/s)	X_{max}/ (m³/s)	X_{min}/ (m³/s)	X_{max}/ (m³/s)	X_{min}/ (m³/s)	X_{max}/ (m³/s)	X_{min}/ (m³/s)	X_{max}/ (m³/s)	X_{min}/ (m³/s)	X_{max}/ (m³/s)
龙川	31.0	4380	8.48	1550	9.5	6860	23.0	5960	22.6	3430
河源	36.3	5190	70.4	3040	73.6	8060	78.2	5770	67.9	4565
岭下	40.2	4830	107.0	4300	104.0	7979	109.0	8330	99.0	5260
博罗	24.0	6880	128.0	4830	124.0	6450	117.0	10100	79.0	5530

表 5-18　东江流域验证期（1970～1972 年）统计参数

水文站点	X_{min}/(m³/s)	X_{max}/(m³/s)
龙川	18.7	2290
河源	36.4	4513
岭下	64.6	4230
博罗	107.0	5880

5.5.2　5 折交叉验证 W-ANN 模型构建

使用小波等级 2 的母小波进行小波分解，神经网络隐含层为 5 层，构造 3-5-1 的小波神经网络模型对 M_1、M_2、M_3、M_4、M_5 这 5 组交叉验证模式进行模型训练和率定，同时对东江流域 4 个水文站点 1970～1972 年进行滞后期为 1d 的单因子日径流预测。模型训练结果见表 5-19。

表 5-19　东江流域 1960～1969 年训练期模型性能

水文站点	模型性能	M_1	M_2	M_3	M_4	M_5	均值
龙川	R	0.901	0.869	0.921	0.896	0.897	0.894
	NSE	0.808	0.753	0.848	0.799	0.803	0.796
	RMSE/(m³/s)	138.57	159.15	129.88	156.20	139.41	145.82
河源	R	0.892	0.879	0.918	0.894	0.888	0.894
	NSE	0.795	0.769	0.843	0.799	0.779	0.797
	RMSE/(m³/s)	190.52	199.41	165.1	198.30	194.37	189.54
岭下	R	0.943	0.923	0.944	0.929	0.934	0.935
	NSE	0.887	0.852	0.888	0.863	0.865	0.871
	RMSE/(m³/s)	215.72	234.99	209.86	245.92	229.94	227.29
博罗	R	0.963	0.964	0.967	0.961	0.958	0.963
	NSE	0.927	0.929	0.934	0.924	0.918	0.926
	RMSE/(m³/s)	235.45	216.15	215.13	242.99	228.97	227.74

5.5.3　5 折交叉验证 W-ANN 模型预测结果

5 折交叉验证 W-ANN 模型率定期（M_1、M_2、M_3、M_4、M_5）预测结果模型性能（R、NSE 和 RMSE）见图 5-14，5 种模式模型平均性能见表 5-20。

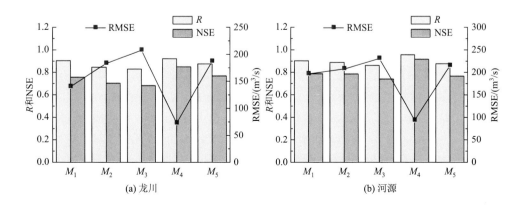

(a) 龙川　　　　　　　　　　　　(b) 河源

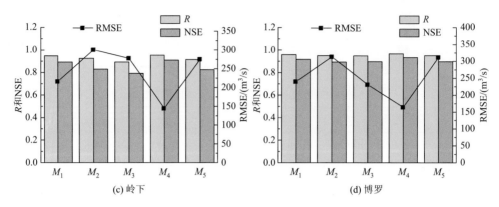

图 5-14　东江流域率定期模型性能

表 5-20　东江流域率定期模型平均性能

水文站点	R	NSE	RMSE/(m³/s)
龙川	0.875	0.751	158.16
河源	0.898	0.798	188.57
岭下	0.926	0.849	242.63
博罗	0.955	0.907	251.95

从图 5-14 与表 5-17 可知，4 个水文站点 1962～1963 年实测径流最大值皆低于其余 4 组组合年（1960～1961 年、1964～1965 年、1966～1967 年与 1968～1969 年），龙川、河源、岭下、博罗水文站 1962～1963 年实测径流最大值分别为 1550m³/s、3040m³/s、4300m³/s 与 4830m³/s。由于模型对峰值较小的径流序列具有较好的预测精度，因此，M_4 模式下的预测结果 R 与 NSE 较高，RMSE 较低，4 个水文站点的 R 均高于 0.9，分别为 0.922、0.957、0.953 与 0.966，除龙川水文站 NSE 低于 0.9，为 0.849 外，其他 3 个水文站点 NSE 均高于 0.9，分别为 0.916、0.909 与 0.933。由于 M_4 模式下径流峰值较小，4 个水文站点 RMSE 皆低于其余 4 组模式（M_1、M_2、M_3、M_5），且低于训练期模型 RMSE，龙川水文站、河源水文站、岭下水文站、博罗水文站 M_4 模式下的 RMSE 分别为 72.67m³/s、93.37m³/s、144.26m³/s 与 164.29m³/s。龙川水文站与河源水文站 1964～1965 年实测径流最大值皆高于其余 4 组组合年，两者最大值分别为 6860m³/s 与 8060m³/s。岭下水文站与博罗水文站 1966～1967 年实测径流最大值高于其余 4 组组合年，两者最大值分别为 8330m³/s 与 10100m³/s。对应龙川水文站与河源水文站点的 M_3 模式与对应岭下水文站与博罗水文站的 M_2 模式预测精度较低，RMSE 较高，其中，M_3 模式下龙川水文站与河源水文站的 NSE 皆低于 0.75，仅为 0.681 与 0.739，RMSE 皆高于 200m³/s，分别为 207.79m³/s 与 230.7m³/s。M_2 模式下岭下水文站与博罗水文站的 NSE 皆低于 0.9，

分别为 0.829 与 0.893，RMSE 皆高于 300m³/s，分别为 300.35m³/s 与 313.11m³/s。

由表 5-19 和表 5-20 可知，训练期与率定期 R 均值皆高于 0.85，NSE 均值皆高于 0.75，且率定期 RMSE 均值与训练期 RMSE 相差不大，河源水文站率定期 RMSE 均值稍微低于训练期 RMSE 均值，为 188.57m³/s，其他 3 个水文站点龙川水文站、岭下水文站与博罗水文站训练期 RMSE 均值分别为 145.82m³/s、227.29m³/s、227.74m³/s，率定期 RMSE 均值分别为 158.16m³/s、242.63m³/s 与 251.95m³/s。5 折交叉验证的 5 组模式（M_1、M_2、M_3、M_4、M_5）虽然率定期具有不同的模型预测精度，但是整体上率定期模型性能均值与训练期模型性能均值较为接近，预测精度较好，模型率定效果较佳。

根据 5 组率定好的 W-ANN 模型对东江流域 4 个水文站点 1970～1972 年进行日径流预测，模型性能见表 5-21。对 5 组结果求均值，预测均值与实测值散点图见图 5-15。

表 5-21　东江流域验证期模型性能

水文站点	模型性能	M_1	M_2	M_3	M_4	M_5
龙川	R	0.867	0.872	0.872	0.856	0.868
	NSE	0.752	0.754	0.752	0.733	0.752
	RMSE/(m³/s)	89.10	88.69	88.98	92.37	89.11
河源	R	0.862	0.859	0.858	0.865	0.879
	NSE	0.731	0.739	0.734	0.735	0.759
	RMSE/(m³/s)	144.57	142.51	143.8	143.63	136.94
岭下	R	0.942	0.922	0.928	0.931	0.937
	NSE	0.881	0.849	0.855	0.866	0.870
	RMSE/(m³/s)	135.22	152.21	149.41	143.63	141.54
博罗	R	0.930	0.930	0.932	0.938	0.935
	NSE	0.861	0.860	0.864	0.877	0.868
	RMSE/(m³/s)	217.58	218.41	215.69	205.23	212.33

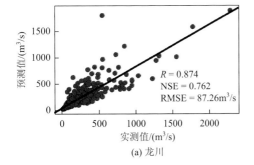

(a) 龙川

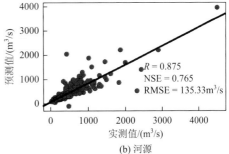

(b) 河源

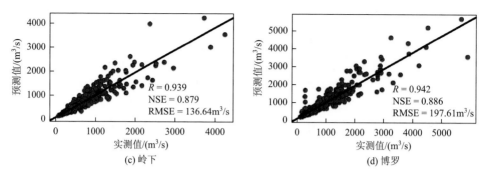

图 5-15 东江流域验证期模型平均性能

从表 5-18 与表 5-21 可知，1970～1972 年东江流域 4 个站点实测径流最大值皆不高，分别为 2290m³/s、4513m³/s、4230m³/s、5880m³/s，5 种模式（M_1、M_2、M_3、M_4、M_5）率定后模型对龙川水文站、河源水文站、岭下水文站、博罗水文站 1970～1972 年日径流预测精度差别不大，龙川水文站与河源水文站 NSE 均在 0.73～0.75，龙川水文站最低的 RMSE 为 88.69m³/s，最高的 RMSE 为 92.37m³/s，河源水文站最低的 RMSE 为 136.94m³/s，最高的 RMSE 为 144.57m³/s。岭下水文站与博罗水文站 NSE 均在 0.84～0.89。岭下水文站最低的 RMSE 为 135.22m³/s，最高的 RMSE 为 152.21m³/s，博罗水文站最低的 RMSE 为 205.23m³/s，最高的 RMSE 为 218.41m³/s。

从图 5-15 可知，与使用 1960～1969 年作为训练集，1970～1972 年作为验证集的 W-ANN 模型日径流结果相比，5 折交叉验证下龙川水文站与岭下水文站 W-ANN 模型均值预测精度略低于常规 W-ANN 模型精度，前者龙川水文站与岭下水文站 NSE 分别为 0.762 与 0.879，RMSE 分别为 87.26m³/s 与 136.64m³/s，后者 NSE 分别为 0.765 与 0.892，RMSE 分别为 86.62m³/s 与 129.22m³/s。5 折交叉验证下河源水文站与博罗水文站 W-ANN 模型均值预测精度略优于常规 W-ANN 模型精度，前者河源水文站与博罗水文站 NSE 分别为 0.765 与 0.886，RMSE 分别为 135.33m³/s 与 197.61m³/s，后者 NSE 分别为 0.756 与 0.880，RMSE 分别为 137.93m³/s 与 202.28m³/s。

综上所述，经过 5 折交叉验证后 W-ANN 模型整体上预测精度并不全部高于常规不使用交叉验证的 W-ANN 模型，推测这是由于日径流序列数据量较大，模型训练效果较好，两种方式下 W-ANN 模型预测精度差别不大。在数据量较少的情况下，推测 5 折交叉验证方法可以避免模型过拟合情况，可得到更可靠的预测结果。

5.6 水文模型参数不确定性研究

在使用水文模型进行径流模拟的过程中，不同模型参数组合会产生不同的模拟结果。研究模型参数不确定性，寻找水文模型较合适的参数用于径流模拟，从而研究径流的不确定性，有助于理解水文模型在径流中的不确定性问题。

为了对水文模型中模型参数不确定性进行评估，本书采用 GLUE 方法对 GR4J 水文模型中 4 个参数（X_1、X_2、X_3、X_4）进行不确定性研究。

根据 GLUE 方法的基本原理，其分析内容包含定义似然目标函数、确定参数取值范围与先验分布形式、分析模型不确定性等，具体计算步骤如下所述。

（1）定义似然目标函数。似然目标函数主要用于判断 GR4J 水文模型径流模拟结果与实测结果之间的拟合程度，常用的似然目标函数包括确定性系数与纳什系数。

（2）确定参数的取值范围与先验分布形式。依据参数物理特性，首先确定模型参数的取值范围。由于一般情况下参数先验分布形式难以确定，往往采用均匀分布代替，在参数取值范围内，分别使用均匀采样对参数进行采样。

（3）模型参数的不确定性分析。根据模型参数与似然值（纳什系数）的散点图，分析模型参数的不确定性。

（4）水文模型模拟不确定性分析。在所有似然值中，设定一个临界值，低于该临界值的参数组似然值赋值为 0，称为不可行参数组，表示这些参数组合不能表征模型的特征；高于该临界值则表示这些参数组能够表征水文模型的特征，称为可行参数组。对高于临界值的所有可行参数组模型模拟结果求均值与上下限，使用 95%置信区间对水文模型径流模拟结果进行不确定性分析。

根据以上基本原理，本书采用纳什系数作为似然目标函数。由表 4-7 确定 GR4J 水文模型 4 个参数取值范围，同时使用均匀采样对 4 个参数进行 10000 次的采样。其中，龙川水文站的 NSE 临界值取 0.5，河源水文站的 NSE 临界值取 0.45，岭下水文站的 NSE 临界值取 0.7，博罗水文站的 NSE 临界值取 0.8。东江流域 4 个水文站点模型参数与似然值散点图见图 5-16。

由图 5-16 可知，龙川水文站 4 个参数的较佳似然值 NSE 为 0.56，其中，X_1 的似然值 NSE 高于 0.56 的取值范围在[1109，1200]，X_2 的似然值 NSE 高于 0.56 的取值范围在[0.6225，1.3580]，X_3 的似然值 NSE 高于 0.56 的取值范围在[64.92，101.60]，X_4 的似然值 NSE 高于 0.56 的取值范围在[1.312，1.517]与[2.094，2.353]。相比 X_2 与 X_4，X_1 与 X_3 具有较高的 NSE，且 X_1 与 X_3 参数似然值趋势接近。

河源水文站 4 个参数似然值的趋势与龙川水文站相似，且似然值较低，其较佳似然值 NSE 仅为 0.51，其中，X_1 的似然值 NSE 高于 0.51 的取值范围在[1040，1200]，X_2 的似然值 NSE 高于 0.51 的取值范围在[0，0.4638]，X_3 的似然值 NSE 高于 0.51 的取值范围在[47.92，91.86]，X_4 的似然值 NSE 高于 0.51 的取值范围在[1.312，1.517]与[2.204，2.511]。

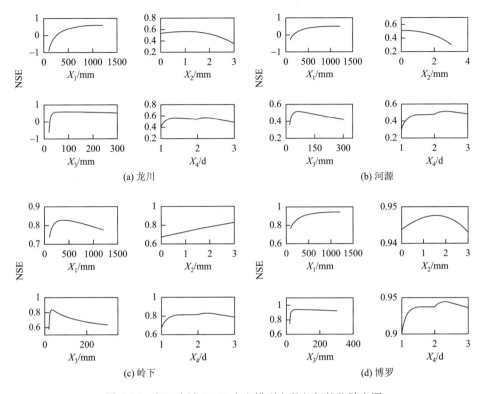

图 5-16　东江流域 GR4J 水文模型参数与似然值散点图

　　岭下水文站 4 个参数的较佳似然值 NSE 为 0.82，其中，相比 X_1、X_2 与 X_4，X_3 具有较好的似然值 NSE 结果。X_1 的似然值 NSE 高于 0.82 的取值范围在[240.3，623.2]，X_2 的似然值 NSE 高于 0.82 的取值范围在[2.788，3.000]，X_3 的似然值 NSE 高于 0.82 的取值范围在[29.69，39.46]，X_4 的似然值 NSE 高于 0.82 的取值范围在[2.044，2.486]。

　　博罗水文站 4 个参数的似然值范围较高，较佳似然值 NSE 高于 0.9，为 0.94，其中，X_1 的似然值 NSE 高于 0.94 的取值范围在[830.9，1200.0]，X_2 的似然值 NSE 高于 0.94 的取值范围在[0.9517，2.1090]，X_3 的似然值 NSE 高于 0.94 的取值范围在[63.52，102.60]，X_4 的似然值 NSE 高于 0.94 的取值范围在[2.248，2.352]。

　　综上所述，东江流域 4 个水文站点皆具有异参同效的结果，GR4J 水文模型模拟结果并不是受单个参数影响，而是受多个参数构成的参数组的共同作用影响[6]。

　　为了进一步研究东江流域 4 个水文站点 GR4J 水文模型的参数不确定性，对高于 4 个水文站点似然函数临界值（龙川水文站、河源水文站、岭下水文站、博罗水文站分别为 0.50、0.45、0.70、0.80）的所有可行参数组模型模拟结果求均值与上下限，使用 95%置信区间对东江流域 4 个水文站点 1970～1972 年 GR4J 水文模型径流模拟结果进行参数不确定性分析。

由图 5-17 可知，龙川水文站 1970～1972 年 GLUE-GR4J 模型实测值无法全部包含在 95%置信区间以内，GR4J 水文模型丰水期模拟不确定性较大，POC 为 0.572。GR4J 水文模型枯水期模拟不确定性较少，POC 为 0.756。整体而言，1970～1972 年龙川水文站 GLUE-GR4J 模型日径流模拟的 POC 为 0.638，而使用 B-WANN 进行径流预测所得的春季、夏季、秋季、冬季的 POC 分别为 0.75、0.74、0.85、0.89，GLUE-GR4J 模型模拟结果的整体 POC 皆低于 B-WANN 模型预测结果的春季、夏季、秋季、冬季的 POC。

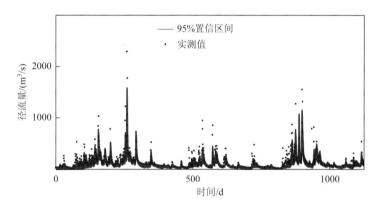

图 5-17　龙川水文站 1970～1972 年 GLUE-GR4J 95%置信区间日径流模拟结果

由于 Bootstrap 方法是对龙川水文站径流序列进行重采样分析不确定性，同时 B-WANN 是针对径流序列进行单因子的径流预测，其预测结果置信区间更能代表龙川水文站径流不确定性，而根据 Shen 等[10]的结论，输入数据与模型结构都可能导致由参数引起的模型模拟不确定性，推测龙川水文站 GLUE-GR4J 模型模拟结果 POC 较低的原因主要与 GR4J 水文模型有关，GR4J 水文模型在东江流域上游无法对龙川水文站获取足够的信息，由参数引起的 GR4J 水文模型模拟结果不确定性较大。

由图 5-18 可知，河源水文站 1970～1972 年 GLUE-GR4J 模型实测值大部分无法包含在 95%置信区间以内，GR4J 模型丰水期与枯水期模拟不确定性均较大，其中，丰水期的 POC 为 0.521，枯水期的 POC 为 0.583。整体而言，1970～1972 年河源水文站 GLUE-GR4J 模型日径流模拟的 POC 为 0.542，使用 B-WANN 进行径流预测所得的春季、夏季、秋季、冬季的 POC 分别为 0.71、0.71、0.78、0.78，GLUE-GR4J 模型模拟结果的整体 POC 皆低于 B-WANN 模型预测结果的春季、夏季、秋季、冬季的 POC。

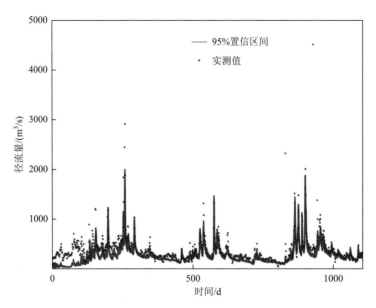

图 5-18　河源水文站 1970～1972 年 GLUE-GR4J 95%置信区间日径流模拟结果

由 5.4.3 节可知，相比于其他 3 个水文站点，河源水文站使用 B-WANN 模型进行径流预测结果的不确定性最大，推测河源水文站毗邻新丰江水库，径流受水库影响较大，同时，新丰江水库也对河源水文站参数引起的径流模拟不确定性有较大影响，水库作用导致 GR4J 水文模型在河源水文站参数率定效果较差，参数似然函数值 NSE 较低，模型模拟结果不确定性较大。

由图 5-19 可知，岭下水文站 1970～1972 年 GLUE-GR4J 模型包含在 95%置信区间以内的实测值多于龙川水文站与河源水文站，GR4J 水文模型丰水期与枯水期模拟不确定性皆较小，其中，丰水期的 POC 为 0.812，枯水期的 POC 为 0.873。整体而言，1970～1972 年岭下水文站 GLUE-GR4J 水文模型日径流模拟的 POC 为 0.839，而使用 B-WANN 进行径流预测所得的春季、夏季、秋季、冬季的 POC 分别为 0.77、0.76、0.85、0.87，GLUE-GR4J 模型模拟结果的整体 POC 低于 B-WANN 模型预测结果的秋季和冬季的 POC，高于春季和夏季的 POC。这表明，GR4J 水文模型在岭下水文站能获取较多有效信息进行参数率定和模型模拟，无论使用 B-WANN 进行重采样产生由数据引起的径流预测不确定性，还是使用 GLUE-GR4J 模型产生的由参数引起的径流模拟不确定性皆较小，统计模型和水文模型皆适用于岭下水文站的径流模拟与预测。

由图 5-20 可知，博罗水文站 1970～1972 年 GLUE-GR4J 模型包含在 95%置信区间以内的实测值多于其他 3 个水文站，GR4J 水文模型丰水期与枯水期模拟不确定性皆低于其他 3 个水文站，其中，丰水期的 POC 为 0.897，枯水期的 POC 为

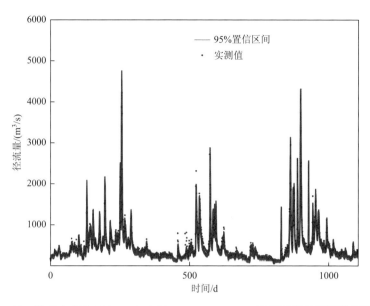

图 5-19　岭下水文站 1970～1972 年 GLUE-GR4J 95%置信区间日径流模拟结果

0.943。整体而言，1970～1972 年岭下水文站 GLUE-GR4J 模型日径流模拟的 POC 为 0.915，而使用 B-WANN 进行径流预测所得的春季、夏季、秋季、冬季的 POC 分别为 0.74、0.71、0.85、0.86，GLUE-GR4J 模型模拟结果的整体 POC 皆高于 B-WANN 模型预测结果的春季、夏季、秋季、冬季的 POC。

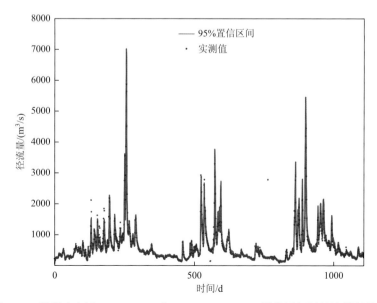

图 5-20　博罗水文站 1970～1972 年 GLUE-GR4J 95%置信区间日径流模拟结果

　　由于 B-WANN 其预测结果置信区间更能代表博罗水文站径流不确定性，而根据 Shen 等[10]的结论，输入数据与模型结构都可能导致由参数引起的模型模拟不确定性，推测博罗水文站地处东江流域下游，站点径流预测不确定性较大，但是 GR4J 水文模型可以在东江流域下游对博罗水文站获取足够的信息进行参数率定和模型模拟，其由参数引起的水文模型模拟结果不确定性较小。

　　综上所述，龙川水文站地处东江流域上游，由数据引起的统计模型预测不确定性较小，但是由于 GR4J 水文模型无法获取足够信息进行参数率定与模型模拟，其由参数引起的水文模型模拟不确定性较大，其中，GR4J 水文模型结构是引起龙川水文站径流模拟不确定性较大的主要原因。河源水文站毗邻新丰江水库，无论统计模型或者水文模型皆无法获得较优的预测和模拟结果，因此其径流预测不确定性和径流模拟不确定性均较大。岭下水文站地处东江流域中下游，GR4J 水文模型可以获取较多有用的信息进行参数率定，其径流模拟不确定性较小。博罗水文站地处东江流域下游，由数据引起的统计模型预测不确定性较大，但是 GR4J 水文模型能在博罗水文站获取足够的信息进行模型参数率定，由参数引起的水文模型模拟不确定性低于其他 3 个水文站点。

参 考 文 献

[1]　Nourani V，Kisi Ö，Komasi M. Two hybrid artificial intelligence approaches for modeling rainfall-runoff process[J]. Journal of Hydrology，2011，402（1）：41-59.

[2]　Wu M C，Lin G F，Lin H Y. Improving the forecasts of extreme streamflow by support vector regression with the data extracted by self-organizing map[J]. Hydrological Processes，2014，28（2）：386-397.

[3]　Adamowski J，Sun K. Development of a coupled wavelet transform and neural network method for flow forecasting of non-perennial rivers in semi-arid watersheds[J]. Journal of Hydrology，2010，390（1）：85-91.

[4]　Tiwari M K，Chatterjee C. Uncertainty assessment and ensemble flood forecasting using bootstrap based artificial neural networks（BANNs）[J]. Journal of hydrology，2010，382（1）：20-33.

[5]　Grossmann A，Morlet J. Decomposition of hardy functions into square integrable wavelets of constant shape[J]. SIAM Journal on Mathematical Analysis，1984，15（4）：723-736.

[6]　Beven K，Binley A. The future of distributed models：Model calibration and uncertainty prediction[J]. Hydrological Processes，1992，6（3）：279-298.

[7]　Tiwari M K，Adamowski J F. An ensemble wavelet bootstrap machine learning approach to water demand forecasting：A case study in the city of Calgary，Canada[J]. Urban Water Journal，2017，14（2）：185-201.

[8]　Wang W S，Ding J. Wavelet network model and its application to the prediction of hydrology[J]. Nature and Science，2003，1（1）：67-71.

[9]　Pramanik N，Panda R K，Singh A. Daily river flow forecasting using wavelet ANN hybrid models[J]. Journal of Hydroinformatics，2011，13（1）：49-63.

[10]　Shen Z Y，Chen L，Chen T. Analysis of parameter uncertainty in hydrological and sediment modeling using GLUE method：A case study of SWAT model applied to Three Gorges Reservoir Region，China[J]. Hydrology and Earth System Sciences，2012，16（1）：121.

第6章　水利工程对流域水文过程影响及水生态效应研究

从第2章可知，东江作为珠江重要的支流，肩负着惠州、广州、深圳等珠三角城市及香港3000多万人口的生产、生活、生态用水的供应任务，香港超过80%的年供水量主要来自东江流域。至2009年，东江流域已建成的大型水库有新丰江水库、枫树坝水库、白盆珠水库、天堂山水库与显岗水库，总库容174.28亿 m³，占东江流域所有已建蓄水工程总库容的91.63%，其中，3大控制性水库新丰江水库、枫树坝水库与白盆珠水库总库容为171.4亿 m³，占东江流域所有已建蓄水工程总库容的90.12%。东江干流梯级共14个梯级水电站，其中，已建的梯级电站包括龙潭水电站、稔坑水电站、枕头寨水电站、蓝口水电站、木京水电站、风光水利枢纽和剑潭水电站（东江水利枢纽），流域5大水库与7个梯级电站的基本情况见表6-1。

表 6-1　东江流域已建水库与梯级电站基本情况

水利工程名称	调节性能	控制面积/km²
枫树坝水库	不完全年调节	5150
新丰江水库	多年调节	5370
白盆珠水库	不完全年调节	856
天堂山水库	不完全年调节	461
显岗水库	不完全年调节	295
龙潭水电站	径流式	5363
稔坑水电站	日调节	5500
枕头寨水电站	径流式	7900
蓝口水电站	径流式	9184
木京水电站	径流式	9830
风光水利枢纽	径流式	16304
剑潭水电站	径流式	25325

东江流域5大水库与已建的7个梯级电站直接或间接地对流域地表水文过程

有不同程度的影响，由第 3 章与第 4 章可知，东江流域 4 个水文站点（龙川、河源、岭下、博罗）突变点分别为 1972 年、1972 年、1972 年与 1973 年，东江流域 4 个水文站点（龙川、河源、岭下、博罗）基准期月径流模拟较佳模型是小波人工神经网络模型。为此，本章首先使用 Copula 函数研究东江流域 4 个水文站点突变前后径流丰枯遭遇与洪水频率的变化，然后选择基准期率定好的 W-ANN 模型对东江流域 4 个水文站点 1974～2009 年月径流进行模拟，研究流域水利工程对径流的影响，最后使用逐月频率计算法研究东江流域突变前后生态径流的变化，系统地探讨水利工程对东江流域径流的影响及其水生态效应。

6.1　研　究　方　法

6.1.1　边缘分布

水文频率计算的两个基本问题是分布线型选择和参数的估计[1]。本书使用皮尔逊三型分布、广义极值分布、对数正态分布等 10 种分布对水文变量进行边缘分布拟合，其中，重点介绍常用的皮尔逊三型分布、广义极值分布、对数正态分布 3 种分布函数。

皮尔逊三型分布曲线是一条一端有限、一端无限的单峰、正偏曲线，也称伽马分布，其概率密度函数为

$$f(x) = \frac{\beta^\alpha}{\tau(\alpha)}(x-a_0)^{\alpha-1}\mathrm{e}^{-\beta(x-a_0)} \tag{6-1}$$

式中，$\tau(\alpha)$ 是 α 的伽马函数；α、β、a_0 分别为皮尔逊三型分布函数的形状参数、尺度参数和位置参数，且 $\alpha > 0$，$\beta > 0$。

形状参数、尺度参数和位置参数确定之后，该密度函数也随之确定。并且这 3 个参数与总体的 3 个统计参数 $\bar{x}$、C_v、C_s 有以下关系：

$$\alpha = \frac{4}{(C_s)^2} \tag{6-2a}$$

$$\beta = \frac{2}{xC_vC_s} \tag{6-2b}$$

$$a_0 = \bar{x}\left(1 - \frac{2C_v}{C_s}\right) \tag{6-2c}$$

广义极值分布的累积分布函数为

$$F(x) = \exp\left\{-\left[1 + \xi\left(\frac{x-\mu}{\sigma}\right)\right]^{-\frac{1}{\xi}}\right\}$$　　　　　（6-3）

式中，$1 + \xi\left(\frac{x-\mu}{\sigma}\right) > 0$，$-\infty < \mu < \infty$ 是位置参数，$\sigma > 0$ 是尺度参数，$-\infty < \xi < \infty$ 是形状参数。

相应的概率密度函数为

$$f(x) = \frac{1}{\sigma}\left[1 + \xi\left(\frac{x-\mu}{\sigma}\right)\right]^{\frac{1}{\xi}-1}\exp\left\{-\left[1 + \xi\left(\frac{x-\mu}{\sigma}\right)^{-\frac{1}{\xi}}\right]\right\}$$　　　（6-4）

形状参数 ξ 决定了分布的尾部形状，当 $\xi > 0$ 时，分布的尾部较长；当 $\xi = 0$ 时，分布的尾部呈指数状；当 $\xi < 0$ 时，分布具有有限的上端点。

而当 $\xi = 0$ 时，这是广义极值分布的特殊情况，这时的分布称为 Gumbel 分布且此时 $x \in R$，同时 $\xi > 0$ 和 $\xi < 0$ 时广义极值分布分别趋向于 Fréchet 分布和 Weibull 分布。

若变量取对数后服从正态分布，则称为对数正态分布。对数正态分布的密度函数为

$$f(x) = \frac{1}{x\sigma\sqrt{2\pi}}\exp\left[-\frac{(\ln x - \mu)^2}{2\sigma^2}\right]$$　　　　　（6-5）

式中，μ、σ 分别为变量对 $\ln x$ 数值系列的均值和标准差。通过极大似然估计确定对数正态分布的参数，有

$$f_L(x,\mu,\sigma) = \frac{1}{x}f_N(\ln x,\mu,\sigma)$$　　　　　（6-6）

式中，$f_L(x,\mu,\sigma)$ 表示对数正态分布的概率密度函数；$f_N(\ln x,\mu,\sigma)$ 表示正态分布。因此，同样使用正态分布的对数正态分布，其极大似然函数为

$$l_L(\mu,\sigma \mid x_1,x_2,\cdots,x_n) = -\sum_k \ln x_k + l_N(\mu,\sigma \mid \ln x_1, \ln x_2, \cdots, \ln x_n)$$　　（6-7）

等式左边对于 μ 和 σ 而言是常数，两个对数最大似然函数 l_L 与 l_N 在同样的 μ 和 σ 处有最大值，因此，根据式（6-1）~式（6-7），推导出对数正态分布参数的极大似然估计

$$\hat{\mu} = \frac{\sum_k \ln x_k}{n}$$　　　　　（6-8a）

$$\hat{\sigma}^2 = \frac{\sum_k (\ln x_k - \hat{\mu})^2}{n}$$　　　　　（6-8b）

6.1.2　边缘分布函数的假设检验方法

本书采用 Kolmogorov-Smirnov（以下简称 K-S）检验、Anderson-Darling（以下简称 A-D）检验对拟合优度进行综合检验。

K-S 检验是样本数据的实际分布与所指定的理论分布的符合程度的检验方法，用来判断样本数据是否符合具有某一理论分布的总体，统计量 D 表示如下：

$$D = \max_{1 \leq i \leq n} \left\{ \left| -\frac{i-1}{n} \right|, \left| F(x_i) - \frac{i}{n} \right| \right\} \tag{6-9}$$

式中，$F(x_i)$ 为变量 x 的理论分布；n 为样本长度；i 为变量由大到小排序后的序号。

A-D 检验的统计量 A_n 计算公式如下：

$$A_n = -n - \frac{1}{n} \sum_{i=1}^{n} (2i-1) \cdot \{\ln F(x_i) + \ln[1 - F(x_{n+1-i})]\} \tag{6-10}$$

式中各符号意义与 K-S 检验相同，在此不再阐述。

6.1.3　丰枯遭遇情况划分

丰枯指标分为丰、平、枯 3 级，取丰、枯水划分的累积概率分别为 p_f=62.5% 和 p_k=37.5%[2]，通过最优二维 Copula 函数可对站点与站点的丰枯遭遇进行研究，2 个站点的丰枯遭遇可以分为丰丰、丰平、丰枯、平丰、平平、平枯、枯丰、枯平、枯枯共 9 种情况[2]。

6.1.4　两变量的联合概率分布

通常联合事件（x, y）的联合概率分布记为 F，表达式如下：

$$F(x,y) = P(X \leq x, Y \leq y) = C[F_x(x), F_y \leq (y)] = C(u,v) \tag{6-11}$$

联合重现期是指变量中至少有一个超过某一特定值时事件发生的重现期，计算公式为

$$T(x,y) = \frac{1}{P[X > x \text{ or } Y > y]} = \frac{1}{1 - C(x,y)} \tag{6-12}$$

同现重现期是指两个变量同时超过特定值时事件发生的重现期，其公式为

$$T_0(x,y) = \frac{1}{P(X > x, Y > y)} = \frac{1}{1 - x - y + C(x,y)} \tag{6-13}$$

6.1.5　二维 Copula 联合分布函数

由 Sklar 定理可知，Copula 函数是定义在[0, 1]区间均匀分布的联合概率分布函数，假设 $F(x)$ 是一个 m 维分布函数，其边缘分布为 $F_1, F_2, F_3, \cdots, F_m$，则存在一个 m 维 Copula 函数 C，使得对任意 $x \in R^m$，有

$$F(x_1, x_2, \cdots, x_m) = C[F_1(x_2), F_2(x_2), \cdots, F_m(x_m)] = C(u_1, u_2, \cdots, u_m) \qquad （6\text{-}14）$$

式中，$F_i(x_i) = u_i$，$i = 1, 2, \cdots, m$，如果 $F_1, F_2, F_3, \cdots, F_m$ 是连续的，则 C 是唯一的，否则 C 是由 $\mathrm{Ran}F_1 \times \mathrm{Ran}F_2 \times \cdots \times \mathrm{Ran}F_m$ 唯一决定；相反，如果 C 是一个 m 维 Copula，$F_1, F_2, F_3, \cdots, F_m$ 是一个 m 元分布函数，其边缘分布是 $F_1, F_2, F_3, \cdots, F_m$。

Copula 函数可以用不同边缘分布的变量来构造联合分布。以二维随机变量为例，假设二维随机变量 X 和 Y，它们的边缘分布函数是 $F(x) = P[X \ x]$ 和 $G(y) = P[Y \ y]$，则它们的联合分布为 $H(x, y) = P[X \ x, Y \ y]$。则存在 Copula 函数 C 使得

$$H(x, y) = C[F(x), G(y)] \qquad （6\text{-}15）$$

Copula 函数 C 本质上是边缘分布为 $F(x)$ 和 $G(y)$ 的随机变量 X、Y 的二维联合分布函数。

本书采用的 Copula 函数主要有 Gumbel-Hougaard Copula（以下简称 GH Copula）、Clayton Copula 和 Frank Copula，它们均属于 Archimedean Copulas。

6.1.6　逐月频率计算法

逐月频率计算法是把径流序列分为 1～12 月的月均径流，按每月多年平均径流量计算流域内站点最小生态径流、最大生态径流与适宜生态径流[3]。这种方法是一种水文统计的方法，只需利用各站点径流序列，同时考虑了径流过程中的年内丰枯变化特征，能反映河流生态系统不同时期对水文情况的需求。其中，最小生态径流、最大生态径流与适宜生态径流的定义如下。

最小生态径流[3]：对多年月径流序列取最小值作为该月的最小生态径流量，再由每个月的最小生态径流组成全年的最小生态径流过程。

最大生态径流[3]：对多年月径流序列取最大值作为该月的最大生态径流量，再由每个月的最大生态径流组成全年的最大生态径流过程。

适宜生态径流[3]：对多年月径流序列进行频率计算，把不同保证率条件下的月径流过程作为适宜生态径流过程。根据前人的研究[4]，本书把 1 年中每个月的保证率都取为 50%，以此求出流域各站点的适宜生态径流。

6.2　东江流域丰枯遭遇及洪水频率分析

　　为了进一步考虑水库作用对流域径流丰枯遭遇与洪水频率的影响，选择博罗水文站的突变时间 1973 年进行划分，把 1954～1973 年作为基准期，1974～2009 年作为影响期进行研究。

　　以龙川水文站突变前径流序列（1954～1973 年）和突变后序列（1974～2009 年）为例，选用 K-S 检验方法与 A-D 检验方法对 10 种分布函数进行拟合优度分析，综合检验结果表明广义极值分布为龙川水文站突变前后水文序列最优概率分布函数（表 6-2），同时求出突变前河源水文站、岭下水文站和博罗水文站的最优分布函数皆为广义极值分布，突变后河源水文站、岭下水文站和博罗水文站的最优分布分别为广义极值分布、对数正态分布和对数正态分布。

表 6-2　龙川水文站年径流量的 10 种概率分布函数拟合优度检验表

分布函数	1954～1973 年				1974～2009 年			
	K-S 检验		A-D 检验		K-S 检验		A-D 检验	
	检验值	排序	检验值	排序	检验值	排序	检验值	排序
广义极值分布	0.0399	1	0.4554	2	0.0289	1	0.4164	1
对数正态分布	0.0459	2	0.4353	1	0.0337	3	0.4885	3
Fatigue Life 分布	0.04885	3	0.4795	4	0.0402	5	0.7555	5
皮尔逊三型分布	0.0497	4	0.4740	3	0.0314	2	0.4481	2
对数 Logistic 分布	0.0532	5	0.6882	7	0.0362	4	0.6388	4
广义 Pareto 分布	0.0561	6	39.1170	10	0.0554	8	98.3020	10
逆高斯分布	0.0588	7	0.6411	6	0.0403	6	0.9512	6
三参数伽马分布	0.0613	8	0.5866	5	0.0428	7	1.2077	7
Weibull 分布	0.0866	9	3.2198	9	0.0727	10	5.7131	9
广义伽马分布	0.0971	10	1.9546	8	0.0655	9	3.0026	8

　　同时，采用离差平方和最小准则（original least square，OLS）评价 Copula 方法的有效性，并选取 OLS 最小的 Copula 为最优 Copula。

　　从表 6-3 看出，无论突变前（1954～1973 年）还是突变后（1974～2009 年），GH Copula 函数在东江流域水文站与水文站间具有基本通用性，且对所有站点组合拟合效果较优。

表 6-3　二维 Copula 联合分布函数 OLS 评价结果

水文站点组合	1954～1973 年			1974～2009 年		
	GH Copula	Clayton Copula	Frank Copula	GH Copula	Clayton Copula	Frank Copula
龙川-河源	0.0172	0.0379	0.0232	0.0101	0.0325	0.0129
龙川-岭下	0.0169	0.0469	0.0235	0.0100	0.0381	0.0148
龙川-博罗	0.0168	0.0468	0.0217	0.0152	0.0158	0.0280
河源-博罗	0.0178	0.0247	0.0179	0.0173	0.0223	0.0185
岭下-河源	0.0150	0.0272	0.0191	0.0124	0.0226	0.0154
岭下-博罗	0.0192	0.0305	0.0208	0.0125	0.0201	0.0138

6.2.1　东江流域丰枯遭遇分析

图 6-1～图 6-3 看出，龙川、河源、岭下和博罗 4 个水文站点丰枯同步的概率范围在突变前从 0.68 到 0.88，突变后从 0.73 到 0.85，而突变后（1974～2009 年）的平平遭遇概率均高于突变前（1954～1973 年），除岭下-博罗突变后平平遭遇概率比建成前增加 0.04 外，其余组合丰枯遭遇概率增加 0.03，主要是由于已建成的 5 大水库和 7 个梯级电站的削峰填谷的水文调节作用[4]。另外，龙川-河源、龙川-博罗突变前丰丰遭遇概率分别为 0.29 与 0.31，而突变后的丰丰遭遇概率均为 0.30，丰丰遭遇概率突变前后变化不大，推测河源水文站与博罗水文站径流虽受水利工程影响较大，但是由于龙川水文站离新丰江水库与白盆珠水库距离均较远，龙潭与稔坑梯级电站 2007 年才竣工，2 个梯级电站库容较小，而枫树坝水库库容远低于新丰江水库，因此即使龙川水文站径流变化受枫树坝水库、龙潭与稔坑梯级电站共同调节作用，但水利工程对龙川水文站径流峰值削峰作用影响较小，龙川水文站与河源水文站、博罗水文站的丰水同步性变化较小。

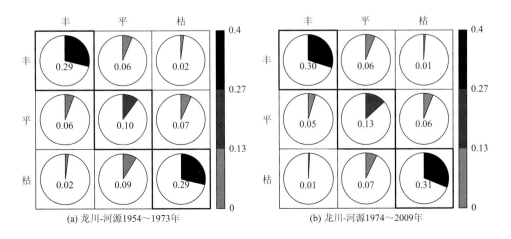

(a) 龙川-河源1954～1973年　　　　　　　(b) 龙川-河源1974～2009年

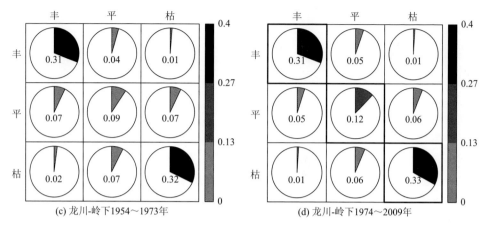

图 6-1 突变前后东江流域水文站（龙川-河源、龙川-岭下）丰枯遭遇图

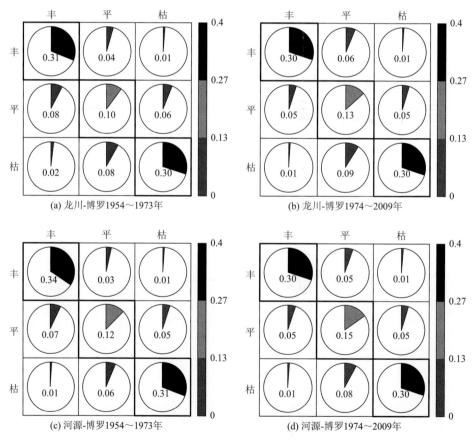

图 6-2 突变前后东江流域水文站（龙川-博罗、河源-博罗）丰枯遭遇图

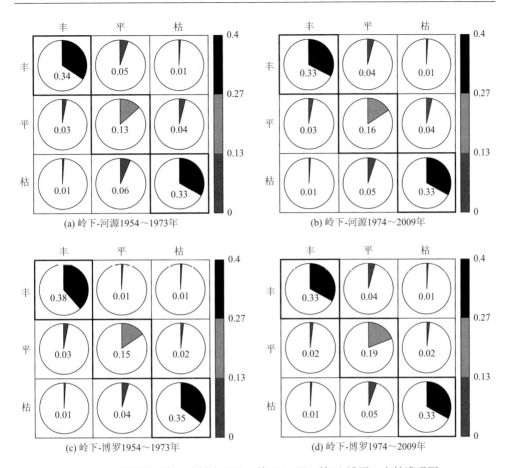

(a) 岭下-河源1954～1973年　　　(b) 岭下-河源1974～2009年

(c) 岭下-博罗1954～1973年　　　(d) 岭下-博罗1974～2009年

图 6-3　突变前后东江流域水文站（岭下-河源、岭下-博罗）丰枯遭遇图

　　河源-博罗、岭下-博罗突变前丰丰遭遇概率为 0.34 与 0.38，突变后丰丰遭遇概率变为 0.30 与 0.33，丰丰遭遇概率下降 0.04 和 0.05，且平平遭遇概率增加 0.03 和 0.04，枯枯遭遇概率下降 0.01 和 0.02，推测河源水文站毗邻新丰江水库，且受上游木京、蓝口等梯级电站调节影响，博罗水文站地处流域下游，受几大水库共同作用，同时毗邻剑潭水电站，径流同时受到水库和梯级电站的调节作用，径流峰值影响较大。

　　综上所述，6 组组合径流受 5 大水库和 7 个梯级电站影响程度不同，下游水文站丰枯遭遇受水库和梯级电站共同作用，削峰填谷作用明显，河源水文站虽地处东江流域中上游，但是毗邻新丰江水库，且上游较多梯级电站，其径流受影响程度也较大。上游丰枯遭遇受水库削峰填谷作用不明显，但其平平遭遇概率皆增加，表明水库和梯级电站同样作用于中上游水文站，使 4 个水文站点的径流过程趋于平坦化[4-6]。值得注意的是，6 组组合丰丰遭遇概率在水库建成前后皆高于

0.29，水文站间发生丰丰可能性较大，在丰丰遭遇下，容易导致水文站周边区域同时发生洪水，因此，有必要先研究两两水文站之间突变前后径流量联合分布概率，再分别考虑各个水文站突变前后洪水频率及其重现期变化，为东江流域 4 个水文站点周边区域整体防洪排涝规划设计提供了科学依据与理论支持。

6.2.2 东江流域洪水频率分析

为进一步研究东江流域 4 个水文站点突变前后两两间径流联合遭遇情况，使用 GH Copula 函数建立 4 个水文站点突变前和突变后的两两联合分布。以东江中上游组合（龙川-河源）与中下游组合（博罗-岭下）为例，从图 6-4 可以看出，相同概率情况下，突变后联合分布流量低于突变前联合分布流量，且东江中下游组合（如博罗-岭下）变化幅度大于中上游组合（龙川-河源），如 1954～1973 年龙川水文站低于 6000m³/s 且河源水文站低于 7000m³/s 的概率约为 0.9，而 1974～2009 年概率为 0.9 时，龙川水文站仅低于 3000m³/s，河源水文站仅低于 4000m³/s，其下降幅度达到 50%和 43%；对于博罗水文站和岭下水文站而言，1954～1973 年博罗水文站低于 18000m³/s 且岭下水文站低于 10000m³/s 的概率为 0.9，而 1974～2009 年同等概率下已经为博罗水文站低于 8000m³/s 且岭下水文站低于 5000m³/s，下降幅度约为 56%与 50%，这主要是由于龙川水文站地处上游，库容较大的新丰江水库对径流影响不大，仅受库容较小的枫树坝水库和龙潭、稔坑梯级电站影响；

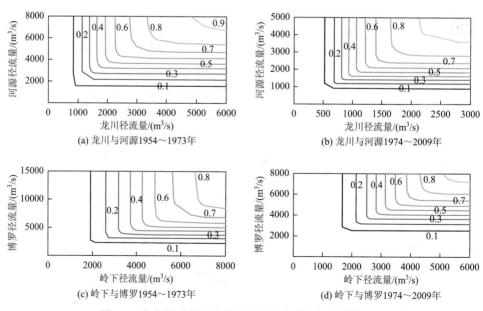

图 6-4　突变前后东江流域水文站径流联合概率等值线图

博罗水文站地处下游，同时受几大水库和各梯级电站影响，径流变化幅度强于龙川水文站[5,7]。龙川-岭下、龙川-博罗、岭下-河源、河源-博罗 4 个组合的联合分布分析结果类似，在此不再详述。

由图 6-5 与图 6-6 看出，龙川水文站、河源水文站、岭下水文站和博罗水文

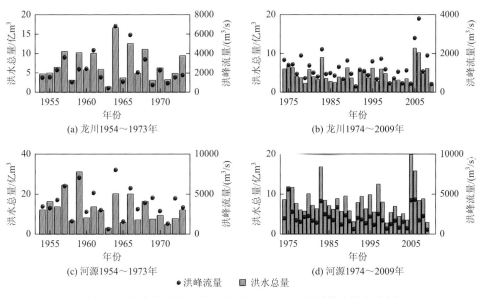

图 6-5　突变前后水文站（龙川、河源）两变量洪水特征分析

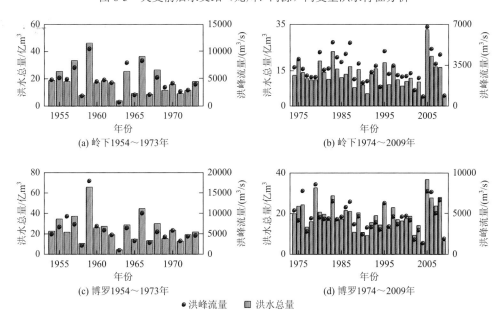

图 6-6　突变前后水文站（岭下、博罗）两变量洪水特征分析

站突变后洪峰流量有所降低，年际洪水总量变化幅度更小，4 个水文站点洪峰流量与洪水总量最大值从上游到下游逐渐增大，其中，龙川水文站、博罗水文站突变前洪峰流量最大值分别为 6860m³/s、18000m³/s，年际洪水总量为 16.7 亿 m³、65.7 亿 m³，突变后洪峰流量最大值分别为 3810m³/s、8610m³/s，年际洪水总量为 11.4 亿 m³、36.8 亿 m³，洪峰流量下降 45% 与 52%，年际洪水总量下降 32% 与 44%。

东江流域径流突变前，龙川水文站在 1964 年，河源水文站、岭下水文站和博罗水文站在 1959 年洪水总量最大，而龙川水文站、河源水文站在 1964 年，岭下水文站和博罗水文站在 1959 年洪峰流量最大，推测新丰江水库建设开始期（1958年）开始影响岭下水文站与博罗水文站，河源水文站最接近新丰江水库，因此 1959年影响其洪水总量，1964 年影响其洪峰流量。流域径流突变后，1974～2009 年，新丰江水库、枫树坝水库、白盆珠水库、天堂山水库及 7 个梯级电站均已竣工，4个水文站洪峰流量与洪水总量较突变前趋于平坦化，2005 年 6 月东江流域发生特大暴雨，致使 4 个水文站点 2005 年洪峰流量和洪水总量发生突变，2007 年后恢复正常水平。

综上所述，东江流域突变前水文站点洪峰流量和洪水总量明显高于突变后，且除河源水文站外，其他 3 个水文站点洪峰流量与洪水总量同时达到最大，而突变后仅岭下水文站洪峰流量与洪水总量同时达到最大，其他三者有所不同，这表明，龙川、河源、岭下、博罗 4 个水文站点皆受到水利工程建设的影响，洪峰流量与洪水总量在 1974 年后不再同时出现最大值，有效减小了灾害的威胁。

由图 6-7 可知，等值线越密集，表明径流变量增加较少，重现期就增加较多，有利于防洪。整体上看，龙川水文站受水库和梯级电站影响不大，突变前后等值线变化不明显，例如，在洪峰流量范围不变前提下，如 0～2500m³/s，水库建成前洪水总量范围从 15 亿 m³ 到 16 亿 m³ 联合重现期变化了 20 年，而 1974 年后从 11 亿 m³ 到 12 亿 m³ 变化了 30 年。水利工程作用对龙川水文站径流影响较少，虽起到削峰填谷作用，却没有提高联合重现期变化率。博罗水文站地处东江下游，受各大水库及梯级电站共同影响，突变前等值线稀疏，突变后等值线密集，例如，洪水总量在 20 亿～30 亿 m³ 的范围下，突变前洪峰流量从 10000～15000m³/s 联合重现期仅增加了 50 年，而突变后从 5000～8500m³/s 即增加 50 年，水库及各梯级电站不仅使博罗水文站洪水总量和洪峰流量大幅度降低，更使其洪峰流量与洪水总量的联合重现期大幅度提高，有效防止洪峰或洪量极值的发生。对于其他几个水文站联合重现期也有相似结论，在此不再详述。

由图 6-8 可知，虽然龙川水文站地处东江流域上游，但是由于位于东江流域上游的枫树坝水库于 1973 年建成后水库蓄水，同时，2007 年后龙潭水电站与稔坑水电站也相继建成，导致东江流域地表径流受到水库和梯级电站调节的影响[8]，因此突变后洪峰流量与洪水总量的同现重现期明显大于突变前，如突变前洪峰流量大

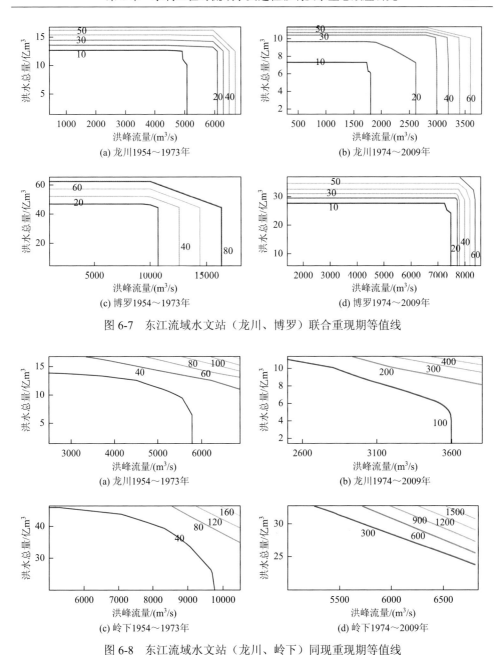

图 6-7　东江流域水文站（龙川、博罗）联合重现期等值线

图 6-8　东江流域水文站（龙川、岭下）同现重现期等值线

于 3000m³/s 且洪水总量大于 10 亿 m³ 的重现期低于 20 年，突变后其重现期接近 100 年；岭下水文站突变前同现重现期较小，洪峰流量大于 9000m³/s 且洪水总量大于 35 亿 m³ 的同现重现期仅为 40 年，岭下水文站周边地区防洪压力较大；突变后，洪峰流量大于 6000m³/s 且洪水总量高于 30 亿 m³ 的同现重现期达到 300 年，

与 1954～1973 年相比,岭下水文站不仅在水库及梯级电站影响下洪峰流量与洪水总量有所下降,同现重现期更是大幅度提升,推测龙川水文站地处东江流域上游,新丰江水库对其影响不大,主要受枫树坝水库及梯级电站影响;岭下水文站地处东江流域中下游,受枫树坝水库、新丰江水库及上游各梯级电站影响,因此同现重现期变化程度较大。

综上所述,由于龙川水文站地处东江流域上游,径流量较小,因此突变前与突变后同现重现期变化幅度不大,并不影响其防洪防汛目标;岭下水文站地处东江流域中下游,突变前其洪峰流量最大可达 10000m³/s 以上,1954～1973 年洪水总量达 40 亿 m³ 以上,因此突变后不仅能通过削峰填谷作用降低其洪峰流量与洪水总量,更能提高其同现重现期,减少两者极大值同时出现的概率,从而有利于防洪防汛的开展。对于河源水文站、博罗水文站同现重现期有相似结论,在此不再详述。

6.3 东江流域 1974～2009 年径流模拟过程分析

为了进一步分析水库和梯级电站对东江流域上、中、下游 4 个水文站径流的影响,本书选择率定效果较好的 W-ANN 模型对东江流域 1974～2009 年 4 个水文站点进行月径流模拟,模拟结果见图 6-9。同时,对多年各月实测值与模拟值求均值,并计算东江流域 4 个站点的多年每月相对误差,根据月径流模拟均值、月径流实测均值及月径流相对误差进一步分析,具体见图 6-10。

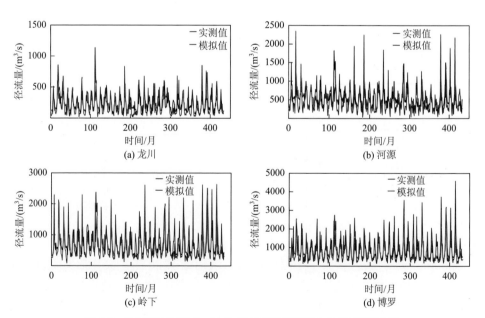

图 6-9　东江流域 1974～2009 年月径流模拟 W-ANN 模型结果

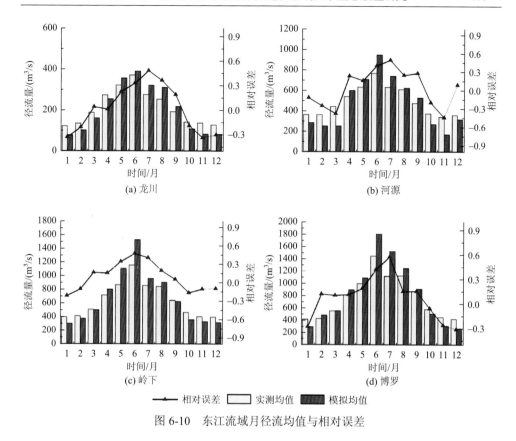

图 6-10　东江流域月径流均值与相对误差

由第 2 章可知，东江流域内建有大型水库 5 宗、中型水库 50 宗，总库容为 185.36 亿 m³，控制流域水资源约 51%。流域内的天堂山水库、显岗水库、已建成的龙潭水电站、稔坑水电站、枕头寨水电站、蓝口水电站、木京水电站、风光水利枢纽和剑潭水电站在不同程度上影响流域站点径流的变化。

从图 6-9 可以看出，东江流域水库与梯级电站显著改变了 4 个水文站点径流年内变化，使流域水文过程发生显著变化，整体上枯季径流模拟值低于实测值，丰季相反，主要是因为水库和梯级电站建成后，在丰水期，水库和梯级电站滞蓄洪水，削减洪峰流量；枯水期，水库和梯级电站向下游泄水，洪峰流量较天然情况增加[3,9]。

前 108 个月（1974～1982 年），龙川水文站地处东江流域上游，径流受新丰江水库影响不大，龙潭、稔坑梯级电站仍未建成，径流仅受枫树坝水库影响；河源水文站毗邻新丰江水库，径流直接受新丰江水库的调蓄作用；博罗水文站与岭下水文站地处东江流域中下游，径流同时受枫树坝水库、新丰江水库与显岗水库的影响，三者径流变化幅度强于龙川水文站[5,7]。

在 1983～1984 年，龙川、河源、岭下、博罗 4 个水文站水文过程均发生变异，实测径流超过模拟径流，4 个水文站点最大实测径流量分别为 1123.73m³/s、1803.23m³/s、

1994.97m³/s、2702.33m³/s，而最大模拟径流量仅为 536.34m³/s、868.79m³/s、1992.75m³/s、2383.77m³/s，推测这可能与白盆珠水库的建设使地表径流产生突变有关。

　　1984 年后，河源水文站受新丰江水库直接影响，且上游龙潭水电站、稔坑水电站、枕头寨水电站、蓝口水电站、木京水电站相继建成，岭下水文站与博罗水文站受白盆珠水库建设的影响，且上游龙潭水电站、稔坑水电站、枕头寨水电站、蓝口水电站、木京水电站与下游风光水利枢纽、剑潭水电站相继建成，地表水文变异加剧，实测径流波动幅度小于模拟径流波动幅度，流域水利工程对径流削峰填谷作用明显。龙川水文站地处东江流域上游，径流虽受枫树坝水库、龙潭水电站与稔坑水电站共同作用，但是这三者与新丰江水库相比，库容较小，对径流影响不大，而龙川水文站与新丰江水库、白盆珠水库距离较远，径流水文变异不明显。随着模拟径流的变化幅度加剧，东江流域水利工程对各水文站的削峰填谷作用更为明显，最终 4 个水文站的月径流变化幅度趋于平坦化[3,5,6]。

　　为了进一步验证东江流域水利工程对 4 个水文站点的径流影响，分析水利工程对站点径流年内变化影响规律，本书对 4 个水文站点多年月径流模拟均值、月径流实测均值及月径流相对误差进行研究。

　　从图 6-10 可以看出，龙川水文站枯水期（1 月、2 月、3 月、10 月、11 月、12 月）月模拟均值低于实测均值；5 月、6 月、7 月、8 月、9 月模拟均值高于实测均值，月径流年际最大实测均值与模拟均值皆发生在 6 月，分别为 369.69m³/s 与 388.55m³/s；月径流年际最小实测均值与模拟均值皆发生在 1 月，分别为 121.26m³/s 与 77.02m³/s；龙川水文站丰水期 6 月、7 月与 8 月的相对误差具有较大正值，分别为 0.325、0.478 与 0.359，枯水期 1 月、11 月与 12 月相对误差具有较大负值，分别为−0.334、−0.341 与−0.305，年际月径流均值实测值与模拟值整体上变化幅度不大，水库和梯级电站水文调节对龙川水文站径流削峰填谷作用不明显。

　　河源水文站枯水期（1 月、2 月、3 月、10 月、11 月、12 月）月模拟均值皆低于实测均值；丰水期（4 月、5 月、6 月、7 月、8 月、9 月）月模拟均值皆高于实测均值，月径流年际最大实测均值与模拟均值皆发生在 6 月，分别为 763.92m³/s 与 945.09m³/s；月径流年际最小实测均值与模拟均值皆发生在 2 月，分别为 361.08m³/s 与 250.57m³/s；河源水文站丰水期 6 月、7 月的相对误差具有较大正值，分别为 0.394 与 0.487，枯水期 2 月与 3 月相对误差具有较大负值，分别为−0.257 与−0.382，水库和梯级电站水文调节对河源站枯水期各月径流填谷作用突出，丰水期各月削峰作用明显。

　　岭下水文站枯水期（1 月、2 月、3 月、10 月、11 月、12 月）月模拟均值低于实测均值；丰水期除 9 月外，4 月、5 月、6 月、7 月、8 月模拟均值高于实测均值，月径流年际最大实测均值与模拟均值皆发生在 6 月，分别为 1150.31m³/s 与 1523.46m³/s；

月径流年际最小实测均值发生在 12 月，为 393.62m³/s，最小模拟均值发生在 1 月，为 298.42m³/s；岭下水文站丰水期 6 月、7 月与 9 月的相对误差具有较大正值，分别为 0.466、0.399 与 0.469，枯水期 10 月与 1 月相对误差具有较大负值，分别为 −0.17 与 −0.219，年际月径流均值实测值与模拟值整体上变化幅度较大，水库和梯级电站水文调节对岭下水文站径流填谷作用不明显，削峰作用突出。

博罗水文站枯水期除 2 月和 3 月外，其余 1 月、10 月、11 月、12 月月模拟均值低于实测均值；丰水期（4 月、5 月、6 月、7 月、8 月、9 月）月模拟均值高于实测均值，月径流年际最大实测均值与模拟均值皆发生在 6 月，分别为 1444.64m³/s 与 1799.11m³/s；月径流年际最小实测均值与模拟均值皆发生在 1 月，分别为 412.08m³/s 与 292.47m³/s；相比其他 3 个水文站点，博罗水文站丰水期 6 月、7 月的相对误差具有较大正值，分别为 0.416 与 0.571，枯水期 1 月、11 月与 12 月相对误差具有较大负值，分别为 −0.264、−0.313 与 −0.281，由于博罗水文站地处东江流域下游，水库和梯级电站水文调节对博罗水文站径流削峰填谷作用明显，且径流变异情况复杂，丰水期 6 月与 7 月削峰作用突出，但是枯水期 2 月填谷作用不明显。

综上所述，龙川、河源、岭下、博罗 4 个水文站点水文过程皆受水库与梯级电站水文调节影响，其中龙川水文站地处东江流域上游，与新丰江水库、白盆珠水库距离较远，其地表径流过程基本不受影响，其余影响径流过程的水库及梯级电站库容较小，站点受水利工程影响最小；岭下水文站地处东江流域中下游，受枫树坝水库与新丰江水库及白盆珠水库及各梯级电站共同作用，地表径流过程变异加大；河源水文站毗邻库容较大的新丰江水库，博罗水文站地处东江下游，受水库和梯级电站共同作用，2 个水文站点径流受水利工程影响最大。同时，4 个水文站点径流相对误差皆呈现出大部分枯水期为负值，大部分丰水期为正值的结论，表明水利工程对流域水文过程的削峰填谷作用明显，从而减少了径流的变化幅度，可减小极端天气导致的洪涝灾害。

6.4　东江流域 1974～2009 年河流生态径流过程分析

水利工程的建设和运行会对径流造成一定的影响，从而改变流域内生物物种的生活状态，导致生态系统失衡、生物减少甚至灭绝[4]，因此，研究水利工程建成后生态径流的变化，有助于分析水利工程对流域内生态径流的影响。

本书选取东江流域龙川、河源、岭下、博罗 4 个水文站 1974～2009 年月径流实测值和模拟值进行生态径流的计算，求出最小生态径流与适宜生态径流进行分析（图 6-11）。

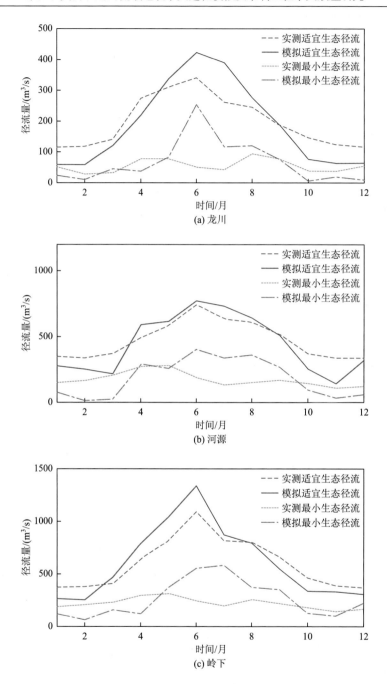

(a) 龙川

(b) 河源

(c) 岭下

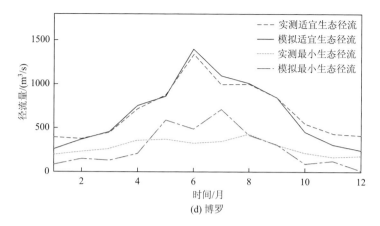

图 6-11 东江流域 1974~2009 年生态径流结果

从图 6-11 可以看出，龙川水文站、河源水文站、岭下水文站与博罗水文站水利工程建成后最小生态径流实测值低于模拟值的时间基本集中在丰水月，6 月、7 月与 8 月实测值低于模拟值；岭下水文站丰水月除了 5~9 月最小生态径流实测值低于模拟值外，枯水月 12 月实测值也低于模拟值，但是其实测值与模拟值相差不大，丰水月相差较大。龙川水文站与河源水文站最小生态径流模拟峰值皆发生在 6 月，岭下水文站与博罗水文站最小生态径流模拟峰值皆发生在 7 月，龙川水文站、河源水文站、岭下水文站与博罗水文站的最小生态径流模拟峰值分别为 253.1m³/s、400.6m³/s、580.2m³/s 与 713.1m³/s。对于丰水期这种最小生态径流变化，推测与 5 个水库及各梯级电站调度对 4 个水文站点的径流影响相关，由于最小生态径流是满足河流生态系统稳定和健康条件所允许的最小流量过程，如果最小生态径流数值较小，可能会影响河流生态状况。因此对于东江流域 4 个水文站点的丰水期而言，应适当调整水库的调度规则从而提高 4 个水文站点实测最小生态径流，从而保证东江流域水生生物在最低生存条件以上生存，且不引起生态系统的退化。

类似于最小生态径流变化情况，4 个水文站点适宜生态径流模拟值高于实测值的月份基本发生在丰水月 6 月，龙川水文站、河源水文站、岭下水文站、博罗水文站 6 月的适宜生态径流模拟值分别为 422.4m³/s、770.3m³/s、1335.2m³/s 与 1401.1m³/s。4 个水文站点枯水月适宜生态径流模拟值皆低于实测值，推测东江流域水利工程的建设和运行使得 4 个水文站点的适宜生态径流变得扁平化，这有助于稳定流域生态系统，保持物种多样性。

参 考 文 献

[1] 陈永勤，孙鹏，张强，等. 基于 Copula 的鄱阳湖流域水文干旱频率分析[J]. 自然灾害学报，2013，1：75-84.

[2]　郑红星，刘昌明. 南水北调东中两线不同水文区降水丰枯遭遇性分析[J]. 地理学报，2000，5：523-532.

[3]　张强，崔瑛，陈晓宏，等. 基于水利工程影响下的东江流域河流生态径流估算[J]. 珠江现代建设，2012，（1）：1-9.

[4]　张强，崔瑛，陈永勤. 水文变异条件下的东江流域生态径流研究[J]. 自然资源学报，2012，27（5）：790-800.

[5]　Zhou Y，Zhang Q，Li K，et al. Hydrological effects of water reservoirs on hydrological processes in the East River （China）basin：Complexity evaluations based on the multi-scale entropy analysis[J]. Hydrological Process，2012，26：3253-3262.

[6]　Zhang Q，Jiang T，Chen Y D，et al. Changing properties of hydrological extremes in south China：Natural variations or human influences?[J]. Hydrological Process，2010，24：1421-1432.

[7]　Chen Y D，Yang T，Xu C Y，et al. Hydrologic alteration along the Middle and Upper East River（Dongjiang）basin，South China：A visually enhanced mining on the results of RVA method[J]. Stoch Environ Res Risk Assess，2010，24：9-18.

[8]　谭莹莹，谢平，陈丽，等. 东江流域径流序列变异分析[J]. 变化环境下的水资源响应与可持续利用——中国水利学会水资源专业委员会 2009 学术年会论文集. 2009：98-104.

[9]　Yoon H S，Jun S C，Hyun Y J，et al. A comparative study of artificial neural networks and support vector machines for predicting groundwater levels in a coastal aquifer[J]. Journal of Hydrology，2011，396：128-138.

第7章　东江流域非一致性径流预测研究

由第 1 章与第 2 章可知，水文序列是一定时期内自然因素（气候、下垫面自然因素）和人为因素（人类活动）等共同作用的产物，其序列本身反映了各种因素对其影响的程度。一般认为水文序列可以分解为确定性成分和随机性成分，其中，随机性成分反映比较稳定的变化规律，当其起主导作用时，认为水文序列是一致性的，在此类物理条件下产生的水文序列可以忽略确定性成分。然而，由于人为或者自然因素发生突变或者渐变，水文序列的变化规律在一定时期内也会发生突变或渐变，此时水文序列的确定性成分是不可忽略的，这样的水文序列是非一致性的[1]。基于以上结论，谢平等[2]提出了非一致性水文频率计算原理的假设前提：非一致性水文序列由随机性成分和确定性成分组成；当序列的变化在一定时期内比较稳定时，水文序列的随机性成分在序列中起到主导的作用，此时序列是一致的；当序列在某个时期内发生突变或渐变，即从一种稳定的状态渐变或突变到另一种稳定的状态时，序列是非一致的，序列中的确定性成分主导了这种突变或渐变；当序列通过突变或渐变后达到新的平衡或稳定状态时，其随机性成分将再次在序列中起主导作用。这样，非一致性水文序列的频率计算问题就可以归结为水文序列的分解与合成，同时包括对序列的确定性成分的拟合计算、对随机性成分的频率计算及合成成分的数值计算、参数和分布的推求等。

由第 4～第 6 章的研究结果可知，龙川水文站地处东江流域上游，径流受水库和梯级电站影响较小，河源水文站虽地处东江流域中上游，但是由于毗邻新丰江水库，其径流受新丰江水库影响较大，同时也受其他水库和梯级电站影响，径流变化较大。岭下水文站与博罗水文站虽地处东江流域中下游，径流受多组水库与梯级电站共同作用，径流变化较大，但是由于新丰江水库在东江流域所有水库与梯级电站中库容最大，对径流影响程度最高，河源水文站径流变化程度高于岭下水文站与博罗水文站。因此，本章选取受水利工程影响最小的龙川水文站与受水利工程影响最大的河源水文站进行非一致性月径流预测研究。由第 3 章可知，龙川水文站与河源水文站的突变点为 1972 年，为此，把基准期 1960～1972 年月径流序列作为随机性成分，影响期 1973～2009 年月径流序列作为确定性成分，采用李析男[1]提出的"三因素"归因分析方法与谢平等[2]提出的非一致性水文序列频率计算方法对东江流域 1960～2009 年龙川水文站、河源水文站非一致性月径流序列进行修正，得到东江流域过去条件下的一致性月径流序列，即还原序列。使用 W-ANN 模型对龙川水文站与河源水文站 1960~2009 年还原序列进行单因子月径流预测，把 1960~2000 年月径流序列作为训练期，2001~2009 年月径流序列作为影响期。根据模型预测结果，对影响期 2001~2009 年确定性成分预测结果进行还现，得到最终预测结果，为非一致性径流序列月径流预测研究提供理论依据和支持。其流程图见图 7-1。

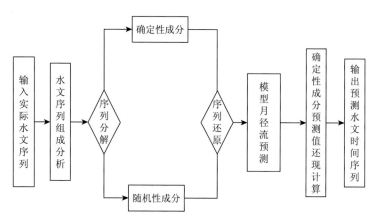

图 7-1 非一致性径流预测流程图

7.1 研 究 方 法

7.1.1 "三因素"归因分析方法

由李析男[1]的研究可知，"三因素"是指上游站点的径流量、区间的径流量和下游站点径流量。归因分析方法关系函数（或模型）可以采用水文模型或数学相关模型。"三因素"归因分析方法可以探讨上游站点径流量、区间径流量与下游站点径流量对下游站点径流量变异所造成的影响，并计算其贡献率（图 7-2）。

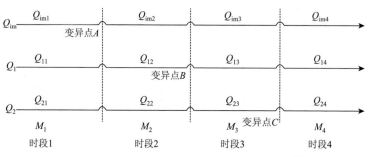

图 7-2 "三因素"归因分析时段划分示意图[1]

假设上游径流量（Q_1）、区间径流量（Q_{im}）和下游径流量（Q_2）的变异点为不同位置，则可以将整个时间序列划分为 4 个时间段。其中，时段 1 为基准期，即为"天然阶段"，反映了变异之前的环境条件；而时段 2、3、4 则为影响期，反映了变异之后的环境条件。在归因分析中，讨论的往往是变异前的环境条件与变异后的环境条件，因此，在讨论时应对时段 1、2，时段 1、3，时段 1、4 分别进行讨论。以时段 1、2 为例，探讨上游径流量和区间径流量对下游径流量的贡献率。

假设变异前的时段 1 可以用模型 M_1 进行良好地模拟，即为 $Q_{21} = M_1(Q_{im1}, Q_{11})$，代表变异前上游及区间人类活动不显著影响的条件；环境变化后的时段 2 可以用 M_2 进行较好地模拟，即为 $Q_{22} = M_2(Q_{im2}, Q_{12})$，代表变异后上游及区间人类活动显著影响的条件。

作为基准期的时段 1 是未经任何干扰的情形，变异前区间流量序列的均值为 $\overline{Q}_{im1}$，变异后区间流量序列均值 $\overline{Q}_{im2}$。

环境变化造成下游流量的变化量为

$$AQ_{2.12} = M_1(\overline{Q}_{im1}, \overline{Q}_{11}) - M_2(\overline{Q}_{im2}, \overline{Q}_{12}) \tag{7-1}$$

式中，$AQ_{2.12}$ 为下游站点 2 在变异前后（时段 1、2）流量变化量；$\overline{Q}_{12}$ 为时段 1（变异前）下游站点 2 的平均流量。

另外，将变异前后两个时段的平均区间流量 $\overline{Q}_{im1}$、$\overline{Q}_{im2}$ 和站点 1 的平均流量 $\overline{Q}_{im1}$，$\overline{Q}_{im2}$ 分别插值到 $M_1(Q_{im}, Q)$ 和 $M_2(Q_{im}, Q)$，可得

$$Q'_{21} = M_1(\overline{Q}_{im2}, \overline{Q}_{11}) \tag{7-2}$$

$$Q''_{21} = M_1(\overline{Q}_{im1}, \overline{Q}_{12}) \tag{7-3}$$

$$Q'''_{21} = M_1(\overline{Q}_{im2}, \overline{Q}_{12}) \tag{7-4}$$

$$Q'_{22} = M_1(\overline{Q}_{im1}, \overline{Q}_{12}) \tag{7-5}$$

$$Q''_{22} = M_1(\overline{Q}_{im2}, \overline{Q}_{11}) \tag{7-6}$$

$$Q'''_{22} = M_2(\overline{Q}_{im1}, \overline{Q}_{11}) \tag{7-7}$$

式中，Q'_{21} 为区间人类活动显著和站点 1、2 人类活动不显著情况下的站点 2 的流量均值；Q''_{21} 为区间人类活动不显著和站点 1 人类活动显著、站点 2 人类活动不显著情况下的站点 2 的流量均值；Q'''_{21} 为区间和站点 1、2 人类活动显著情况下的站点 2 的流量均值；Q'_{22} 为区间人类活动不显著和站点 1、2 人类活动显著情况下的站点 2 的流量均值；Q''_{22} 为区间人类活动显著、站点 1 人类活动不显著和站点 2 人类活动显著情况下的站点 2 的流量均值；Q'''_{22} 为区间人类和站点 1 人类活动不显著、站点 2 人类活动显著情况下的站点 2 的流量均值。

本书重点讨论东江流域剧烈人类变化对环境变化作用的结果（其基本条件是

降雨序列不发生变异，即气候条件对径流变异无影响），反映为上游站点人类活动、区间流量所代表的人类活动及下游站点人类活动对下游站点流量的共同影响。那么，环境变化前后造成下游流量的变化量可以表示为

$$\Delta Q_{2.12} = \Delta Q_{up} + \Delta Q_{im} + \Delta Q_{down} \tag{7-8}$$

式中，ΔQ_{up} 为上游站点 1 人类活动造成下游站点 2 的流量变化；ΔQ_{im} 为上下游之间的区间人类活动造成下游站点 2 的流量变化；ΔQ_{down} 为下游站点 2 人类活动造成自身的流量变化。

（1）区间人类活动造成下游站点 2 的流量变化：

$$\Delta Q_{im} = Q'_{21} - Q_{21} = M_1(\bar{Q}_{im2}, \bar{Q}_{11}) - M_1(\bar{Q}_{im1}, \bar{Q}_{11}) \tag{7-9}$$

$$或 \Delta Q'_{im} = Q_{22} - Q''_{22} = M_2(\bar{Q}_{im2}, \bar{Q}_{12}) - M_2(\bar{Q}_{im1}, \bar{Q}_{12}) \tag{7-10}$$

（2）上游站点 1 人类活动造成下游站点 2 的流量变化：

$$\Delta Q_{up} = Q''_{21} - Q_{21} = M_1(\bar{Q}_{im1}, \bar{Q}_{12}) - M_1(\bar{Q}_{im1}, \bar{Q}_{11}) \tag{7-11}$$

$$或 \Delta Q'_{up} = Q_{22} - Q''_{22} = M_2(\bar{Q}_{im2}, \bar{Q}_{12}) - M_2(\bar{Q}_{im2}, \bar{Q}_{11}) \tag{7-12}$$

（3）下游站点 2 自身人类活动造成其流量的变化：

$$\Delta Q_{down} = Q_{22} - Q''_{22} = M_2(\bar{Q}_{im2}, \bar{Q}_{12}) - M_1(\bar{Q}_{im2}, \bar{Q}_{12}) \tag{7-13}$$

$$或 \Delta Q'_{down} = Q''_{22} - Q_{21} = M_2(\bar{Q}_{im1}, \bar{Q}_{11}) - M_1(\bar{Q}_{im1}, \bar{Q}_{11}) \tag{7-14}$$

（4）变化贡献率计算：

区间因素对变异前后下游站点 2 流量变化的贡献率 f_{im} 为

$$f_{im} = (\Delta Q_{im} + \Delta Q'_{im}) / 2\Delta Q_{2.12} \tag{7-15}$$

上游站点 1 人类活动因素对变异前后下游站点 2 流量变化的贡献率 f_{up} 为

$$f_{up} = (\Delta Q_{up} + \Delta Q'_{up}) / 2\Delta Q_{2.12} \tag{7-16}$$

下游站点 2 人类活动因素对变异前后自身流量变化的贡献率 f_{down} 为

$$f_{down} = (\Delta Q_{down} + \Delta Q'_{down}) / 2\Delta Q_{2.12} \tag{7-17}$$

7.1.2　确定性成分还原方法

由谢平等[2]和李析男[1]的研究可知，水文序列 X_t 可表示为

$$X_t = Y_t + P_t + S_t \tag{7-18}$$

式中，Y_t 为非一致性的确定性成分；P_t 为确定性的周期成分；S_t 为一致性的随机性成分；t 为时间。

水文序列分析的主要目的是找出序列中的确定性成分和随机性成分，并从中将其分离。本书仅针对确定性非周期成分中的趋势或跳跃成分，以及随机性成分中的纯随机成分进行具体分析。

假设非一致性水文序列 X_t 的变异点为 t_0，由于 t_0 前后的序列，其物理成因不相同，且 t_0 之前的序列主要反映人类活动影响不太显著的随机性成分，用数学方程表示为

$$X_t = \begin{cases} S_t, & t \leqslant t_0 \\ S_t + Y_t, & t \leqslant t_0 \end{cases} \qquad (7\text{-}19)$$

式中，S_t 为一致性的随机性成分；Y_t 为非一致性的确定性成分。当水文序列出现跳跃时，Y_t 为一常数；当出现趋势时，Y_t 是 t 的函数；当同时出现跳跃和趋势时，Y_t 是时间 t 的分段函数。Y_t 可用最小二乘法对实际水文序列通过数学函数拟合求得。

7.2　径流序列归因分析

龙川水文站地处东江流域上游，河源水文站地处东江流域中上游，因此把龙川水文站作为站点 1，河源水文站作为站点 2，龙川与河源之间的区域所求流量作为区间流量，其中，区间流量推求有两个假设前提：①2 个站点之间为闭合流域；②上、下游汇流时间少于 3 个月。区间流量的推求公式如下：

$$Q_{\text{im}} = Q_{\text{下}} - Q_{\text{上}} \qquad (7\text{-}20)$$

式中，Q_{im} 为区间径流量，包括区间支流平均径流量及区间雨量形成的平均流量；$Q_{\text{下}}$ 为下游出口平均径流量；$Q_{\text{上}}$ 为上游入口平均径流量。

本书采用"三因素"归因方法对河源水文站月径流变异情况进行分析。首先对河源水文站 1 月变异进行归因分析，其基准期为时段 1（1960～1972 年），拟合模型为 M_1，影响期为时段 2（1973～2009 年），拟合模型为 M_2，由于区间流量是通过式（7-20）推算而得，因此 M_1、M_2 模型拟合效果可以达到 100%。结合 7.1.1 节中的式（7-1）～式（7-7），可以推算出以下结果。

（1）变异前（区间与站点 1、2 人类活动不显著）的径流量均值

$$Q_{21} = M_1(\overline{Q}_{\text{tm1}}, \overline{Q}_{11}) = \overline{Q}_{\text{tm1}} + \overline{Q}_{11} = 224.9071 \text{m}^3/\text{s} \ ;$$

（2）区间人类活动显著和站点 1、2 人类活动不显著情况下的站点 2 径流量均值为

$$Q'_{21} = M_1(\overline{Q}_{\text{tm2}}, \overline{Q}_{11}) = \overline{Q}_{\text{tm2}} + \overline{Q}_{11} = 303.2430 \text{m}^3/\text{s} \ ;$$

（3）区间人类活动不显著和站点 1 人类活动显著、站点 2 人类活动不显著情况下的站点 2 径流量均值为

$$Q''_{21} = M_1(\overline{Q}_{\text{tm1}}, \overline{Q}_{12}) = \overline{Q}_{\text{tm1}} + \overline{Q}_{12} = 334.8263 \text{m}^3/\text{s} \ ;$$

（4）区间和站点 1、2 人类活动显著情况下的站点 2 径流量均值为

$$Q'''_{21} = M_1(\overline{Q}_{\text{tm2}}, \overline{Q}_{12}) = \overline{Q}_{\text{tm2}} + \overline{Q}_{12} = 347.0167 \text{m}^3/\text{s} \ ;$$

（5）变异后（区间和站点 1、2 人类活动显著）的径流量均值为

$$Q_{22} = M_1(\bar{Q}_{tm2}, \bar{Q}_{12}) = \bar{Q}_{tm2} + \bar{Q}_{12} = 359.7237\text{m}^3/\text{s};$$

（6）区间人类活动不显著和站点 1、2 人类活动显著情况下的站点 2 的径流量均值为

$$Q'_{22} = M_2(\bar{Q}_{tm1}, \bar{Q}_{12}) = \bar{Q}_{tm1} + \bar{Q}_{12} = 350.1663\text{m}^3/\text{s};$$

（7）区间人类活动显著和站点 1 人类活动不显著、站点 2 人类活动显著情况下站点 2 的径流量均值为

$$Q''_{22} = M_2(\bar{Q}_{tm2}, \bar{Q}_{11}) = \bar{Q}_{tm2} + \bar{Q}_{11} = 306.3538\text{m}^3/\text{s};$$

（8）区间和站点 1 人类活动不显著、站点 2 人类活动显著情况下的站点 2 的径流量均值为

$$Q'''_{22} = M_2(\bar{Q}_{tm1}, \bar{Q}_{11}) = \bar{Q}_{tm1} + \bar{Q}_{11} = 226.1372\text{m}^3/\text{s};$$

（9）环境变化前后造成下游径流量的变化量为

$$\Delta Q_{2,12} = M_1(\bar{Q}_{tm1}, \bar{Q}_{11}) - M_2(\bar{Q}_{tm2}, \bar{Q}_{12}) = 134.8166\text{m}^3/\text{s};$$

上述结果是径流变异归因方法所需的各个径流量均值，通过式（7-8）～式（7-14）可进一步推求径流量的变化量。

（1）区间人类活动造成河源水文站 1 月流量的变化量为

$$\Delta Q_{im} + \Delta Q'_{im} = (Q'_{21} - Q_{21}) + (Q_{22} - Q'_{22}) = 87.8934\text{m}^3/\text{s};$$

（2）上游龙川水文站人类活动造成下游河源水文站的流量的变化量为

$$\Delta Q_{up} + \Delta Q'_{up} = (Q''_{21} - Q_{21}) + (Q_{22} - Q''_{22}) = 163.2891\text{m}^3/\text{s};$$

（3）下游河源水文站自身人类活动造成其流量的变化量为

$$\Delta Q_{down} + \Delta Q'_{down} = (Q_{22} - Q'''_{21}) + (Q'''_{22} - Q_{21}) = 13.9371\text{m}^3/\text{s};$$

最后，通过式（7-15）～式（7-17），得到以下径流归因分析结果。

（1）区间人类活动因素对下游河源水文站径流变化的贡献率：

$$f_{im} = (\Delta Q_{im} + \Delta Q'_{im}) / 2\Delta Q_{2,12} = 33.15\%;$$

（2）上游龙川水文站人类活动因素对下游河源水文站径流变化的贡献率：

$$f_{up} = (\Delta Q_{up} + \Delta Q'_{up}) / 2\Delta Q_{2,12} = 61.59\%;$$

（3）下游河源水文站人类活动因素对自身径流变化的贡献率：

$$f_{down} = (\Delta Q_{down} + \Delta Q'_{down}) / 2\Delta Q_{2,12} = 5.26\%;$$

综上所述，上游龙川水文站人类活动对河源水文站的径流变化贡献率最大，为 61.59%，区间人类活动因素对河源水文站的径流变化贡献率次之，为 33.15%，下游河源水文站人类活动因素对自身径流变化的贡献率最小，为 5.26%。河源水文其余各月变异归因结果接近，在此不做详述。

7.3　径流序列还原及模型构建

　　结合第 3 章龙川水文站的变异诊断结果，龙川水文站、区间径流量序列及河源水文站皆在 1972 年存在跳跃变异。因此采用跳跃分析法首先推求龙川水文站和区间径流量各月的还原序列，即随机性成分，然后根据龙川水文站与区间序列所推求的随机性成分求出河源水文站随机性成分。其中，跳跃分析方法原理如下：对于存在跳跃变异的水文序列，把跳跃点作为分界点，划分径流序列为不同的阶段；跳跃点之前的水文序列反映过去条件下的变化规律，跳跃点后的径流序列反映了现在条件下的变化规律；发生跳跃后的径流序列均值与跳跃前的均值之差即为确定性跳跃成分；原始水文序列减去跳跃成分后即为随机性成分。

　　本章首先分析龙川水文站、区间径流序列及河源水文站 1 月径流还原情况。龙川水文站 1 月平均径流量序列变异前均值为 68.08m³/s，变异后均值为 121.40m³/s，区间平均径流序列变异前均值为 154.71m³/s，变异后均值为 236.16m³/s，因此龙川水文站和区间平均径流量的跳跃成分如式（7-21）与式（7-22）所示，根据非一致性水文序列分解原理，随机性成分 S_t = 原始序列 X_t − 确定性成分 Y_t，因此其随机性成分可由式（7-23）与式（7-24）表示，龙川水文站与区间流量还原序列示意图见图 7-3 和图 7-4。

$$Y_t = \begin{cases} 0, & t \leqslant 1972 \\ 53.3222, & t > 1972 \end{cases} \tag{7-21}$$

$$Y_t = \begin{cases} 0, & t \leqslant 1972 \\ 81.453, & t > 1972 \end{cases} \tag{7-22}$$

$$Y_t = \begin{cases} X_t, & t \leqslant 1972 \\ X_t - 53.3222, & t > 1972 \end{cases} \tag{7-23}$$

$$Y_t = \begin{cases} X_t, & t \leqslant 1972 \\ X_t - 81.453, & t > 1972 \end{cases} \tag{7-24}$$

　　由此推求得出 1 月平均径流量序列去除跳跃成分后的随机序列，利用第 3 章的水文变异诊断对其进行变异诊断，龙川水文站 Hurst 值为 0.55，区间 Hurst 值为 0.58，说明龙川水文站和区间 1 月径流序列去除跳跃成分后的随机序列诊断无变异，满足一致性要求。

　　通过径流变异归因分析结果，选取龙川-区间-河源"三因素"归因分析法的拟合模型对河源水文站进行分析。将龙川水文站和区间径流量还原后的径流值作为模型的输入代入模型中，模拟得到河源水文站天然状态下的径流过程，从而得

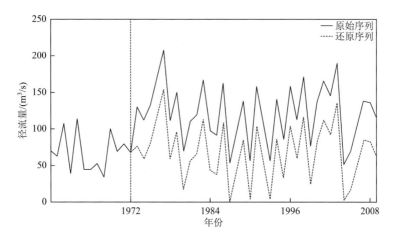

图 7-3 1 月龙川站月均径流确定性成分变化图

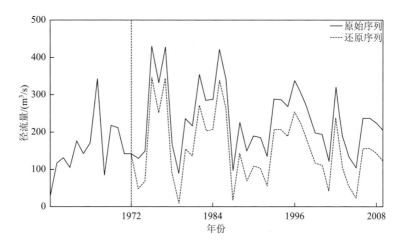

图 7-4 1 月区间月均径流确定性成分变化图

到天然状态下的河源水文站 1 月平均径流量序列即随机性成分。由于河源水文站 1 月平均流量在 1972 年发生跳跃变异，因此 1972 年之前的序列是相对一致的随机序列，其确定性成分为 0。令变异点后某个年份河源水文站 1 月平均流量的随机性成分为 $S_1(t)$，1 月实测的平均流量为 $S_2(t)$，则两者之差 $S_2(t) - S_1(t)$ 反映了变异点之后的确定性成分，由此，可推求出 1 月河源水文站序列随机性成分，类似龙川水文站与区间序列，推求所得河源水文站随机性成分序列满足一致性要求，具体见式（7-25）。

$$Y_t = \begin{cases} X_t, & t \leqslant 1972 \\ X_t - 134.78, & t > 1972 \end{cases} \qquad (7\text{-}25)$$

根据推求 1 月还原序列的方法推求龙川水文站与河源水文站其他变异月份还原序列，由于方法类似，在此不做详述。

本书采用小波人工神经网络合适的模型结构对 1960～2009 年龙川水文站与河源水文站还原序列进行滞后期为 1 个月的单因子月径流预测。其中，1960～1999 年为率定集，2000～2009 年为验证集。

由 5.2.2 节可知，小波等级 5 的细节值分别为 $D1$，$D2$，$D3$，$D4$ 和 $D5$，细节值 $D5$ 把原始序列分解为 2^5 天模式，这种模式接近于信号每月的模式[3]。为此，把小波等级 5 的分解信号作为人工神经网络输入因子，隐含层选择 5 层，2 个水文站点月径流量作为输出因子，构建小波人工神经网络对东江流域龙川水文站与河源水文站 1960～2009 年进行滞后期为 1 个月的月径流预测。

使用构建好的 W-ANN 对东江流域 2 个水文站点 1960～1999 年进行滞后期为 1 个月的单因子月径流预测模型率定，通过 R 与 NSE 评价模型率定结果，其率定结果见表 7-1。

表 7-1　东江流域 1960～1999 年月径流预测 W-ANN 模型性能

水文站点	R	NSE
龙川	0.802	0.641
河源	0.810	0.649

7.4　非一致性条件下东江流域单因子月径流预测

本书使用小波等级 5 的 W-ANN 模型对东江流域 2 个水文站点（龙川水文站与河源水文站）还原序列进行滞后期为 1 个月的月径流预测，并对其预测精度进行评价，结果见图 7-5。

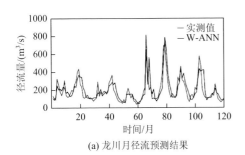

(a) 龙川月径流预测结果

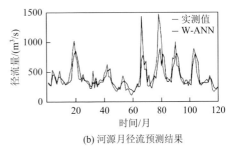

(b) 河源月径流预测结果

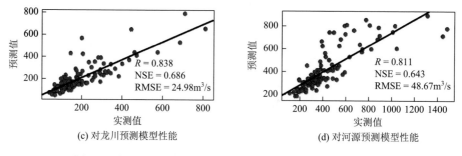

(c) 对龙川预测模型性能　　　　　　　　(d) 对河源预测模型性能

图 7-5　东江流域 2000～2009 年月径流预测结果及其模型性能

从图 7-5 可以看出，经过径流还原后龙川水文站单因子月径流预测结果具有较好的预测峰值与预测枯值，丰水期 W-ANN 模型月径流预测均值为 205.37m³/s，实测均值为 199.94m³/s，枯水期月径流预测均值为 201.32m³/s，实测均值为 195.17m³/s，实测最大值为 814.4m³/s，对应的预测值为 650.8m³/s，整体上相关系数达到 0.838，纳什系数高于 0.65，模型预测效果较好。河源水文站径流预测精度略低于龙川水文站，其相关系数高于 0.8，为 0.811，纳什系数为 0.643，虽然丰水期与枯水期实测均值与预测均值相差不大，丰水期 W-ANN 模型月径流预测均值为 420.13m³/s，实测均值为 441.56m³/s，枯水期月径流预测均值为 413.03m³/s，实测均值为 431.71m³/s，但是部分径流峰值预测效果较差，2000～2009 年河源水文站实测最大值为 1477m³/s，对应的预测值为 779.4m³/s，实测次大值为 1440m³/s，对应的预测值为 714.8m³/s，推测河源水文站径流受水库和梯级电站影响较大，虽然经过径流还原后的径流序列模型性能较好，丰枯水期实测均值与预测均值相差不大，但仍有部分峰值预测效果较差。

综上所述，通过径流还原方法对东江流域龙川水文站和河源水文站非一致性月径流序列还原后进行月径流预测，其模型预测效果较好，可为非一致性径流序列月径流预测研究提供理论依据和支持。

参 考 文 献

[1]　李析男. 变化环境下非一致性水资源与洪旱问题研究[D]. 武汉：武汉大学，2014.

[2]　谢平，陈广才，夏军. 变化环境下非一致性年径流序列的水文频率计算原理[J]. 武汉大学学报（工学版），2005，38（6）：6-9.

[3]　Nourani V, Kisi Ö, Komasi M. Two hybrid artificial intelligence approaches for modeling rainfall–runoff process[J]. Journal of Hydrology，2011，402（1）：41-59.

第 8 章　基于人工神经网络模型的黄河干流水文变异后径流预测

8.1　建模期、验证期和模拟期

数据主要为：①唐乃亥、兰州、头道拐、龙门、花园口、孙口和利津 7 个水文站的实测月经流量数据，其中唐乃亥水文站的实测月径流取 1960～2005 年的数据，兰州水文站的实测月径流取 1967～2005 年的数据，头道拐水文站的实测月径流取 1960～2005 年的数据，龙门水文站的实测月径流取 1965～2005 年的数据，花园口水文站的实测月径流取 1960～2005 年的数据，孙口水文站的实测月径流取 1960～2005 年的数据，利津水文站的实测月径流取 1960～2005 年的数据；②黄河流域 77 个降水站点 1960～2005 年的实测月蒸发量、月降水量、月平均温度和月平均湿度（由于兰州水文站的径流数据开始于 1967 年和龙门水文站的径流数据开始于 1965 年，所以这两个水文站对应降水站点的气象数据分别取 1965～2005 年和 1967～2005 年）。

根据李剑锋等[1]和李文文等[2]对黄河干流水文变异的分析结果，以及考虑到水文站与降水站的数据资料年限的差异，建模期、验证期与模拟期的设置如表 8-1 所示。

表 8-1　建模期、验证期与模拟期的设置

水文站点	建模期	验证期	模拟期
唐乃亥	1960～1986 年	1987～1989 年	1990～2005 年
兰州	1967～1983 年	1984～1986 年	1987～2005 年
头道拐	1960～1982 年	1983～1985 年	1986～2005 年
龙门	1965～1982 年	1983～1985 年	1986～2005 年
花园口	1960～1987 年	1988～1990 年	1991～2005 年
孙口	1960～1982 年	1983～1985 年	1986～2005 年
利津	1960～1982 年	1983～1985 年	1986～2005 年

8.2　模型建立和参数率定

8.2.1　BP 神经网络模型的建立

本书采用 L-M 型 BP 神经网络对黄河流域的降水站和水文站的对应的数据进行建模。输入层和输出层主要是接收数据及给出最后的处理结果,在设计网络之前,必须整理好训练网络的数据。本书 BP 神经网络模型输入层神经元个数为 4 个,分别为各水文站对应降水站的月蒸发量、月降水量、月均温度与月均湿度。输出层神经元个数为 1 个,即各水文站的月径流量。

对于多层前馈网络来说,隐层节点数的确定是成败的关键。若数量太少,则网络所能获取的用以解决问题的信息太少;若数量太多,不仅增加训练时间,还可能出现所谓的"过度吻合(overfitting)"问题,即测试误差增大导致泛化能力下降,因此合理选择隐层节点数非常重要。关于隐层数及其节点数的选择比较复杂,一般原则是:在能正确反映输入输出关系的基础上,应选用较少的隐层节点数,以使网络结构尽量简单。本书选择一个隐含层的 BP 神经网络,而 7 个水文站的隐含层节点数的确定是根据均方根误差 RMSE,通过大量的测试训练的方式来寻找最优隐含层节点数。

7 个水文站对应的三层网络结构分别为:唐乃亥水文站 4-11-1;兰州水文站 4-10-1;头道拐水文站 4-11-1;龙门水文站 4-10-1;花园口水文站 4-11-1;孙口水文站 4-10-1;利津水文站 4-10-1。

本书根据各水文站突变年份的不同,选取变异点之前的最后三年的各类数据用于构造检验样本,年份在检验序列之前的序列即用于构造学习训练样本,具体各类样本数据的选取见表 8-1。

8.2.2　GRNN 网络模型的建立

1. 输入层和输出层的设计

本书 GRNN 网络模型输入层神经元个数为 4 个,分别为各水文站对应降水站的月蒸发量、月降水量、月均温度与月均湿度。输出层神经元个数为 1 个,即各水文站的月径流量。

2. 平滑参数 σ 的交叉验证搜索

GRNN 算法的网络训练实质就是平滑参数 σ 的确定过程,σ 值的大小决定径向基神经元是否能够对输入变量所覆盖的区间产生响应，σ 值越大，其输出结果越光滑，但太大的值会导致网络训练上的困难，故在 GRNN 网络模型的建立过程中，需对平滑参数 σ 采取不同的值，进行比较计算，在网络输出最优条件下，获取最优值。利用交叉验证搜索算法来确定 σ 的最优值：在平滑参数 σ 取值区间范围内，以 $\Delta\sigma$ 为步长，在$[\sigma_{min}, \sigma_{max}]$内递增变化，在 GRNN 网络模型 n 个学习样本中，以某一样本 n_i 作为检验样本，利用剩余 $n-1$ 个样本构建网络，进行仿真预测；采用上述过程对 n 个样本均遍历 1 次，可得到预测值和样本值之间的误差序列，以均方根误差作为约束，即

$$E = \frac{1}{n}\sum_{i=1}^{n}(\hat{y}_i - y_i)^2 \qquad (8\text{-}1)$$

将最小误差对应的 σ 作为最优所取值。式（8-1）中，E 为误差序列的方差；n 为建模样本个数；$\hat{y}_i$ 为网络实际输出值；y_i 为样本实测值。

将数据归一化处理后，训练数据导入 GRNN 网络中进行训练，根据最小均方误差确定平滑参数 σ，得到 7 组序列建模的最优 σ 分别为唐乃亥 0.43、兰州 0.15、头道拐 0.49、龙门 0.37、花园口 0.50、孙口 0.23 和利津 0.24。

8.3　模型精度评定方法

本书对 7 个水文站及其对应的降水站点的建模序列水文数据进行建模，用建立好的 BP 神经网络与 GRNN 网络模型分别对黄河流域 7 组模型的验证序列数据进行模拟，用确定性系数 DC 和相关系数 R 作为模型预报精度的评价标准。

$$\text{DC} = 1 - \frac{\sum\limits_{t=1}^{n}(y_t - x_t)^2}{\sum\limits_{t=1}^{n}(x_t - \overline{x})} \qquad (8\text{-}2)$$

式中，$\overline{x}$ 为实测径流 x_t 序列的均值；y_t 为预测值；n 为预测的月数。模型精度比较时，DC 和 R 越接近 1，模拟值与实测值的变化趋势越一致，精度越高。根据水文情报预报规范（SL250-2000），当确定性系数 DC＞0.9 时，精度评定等级为甲等；当 0.7＜DC＜0.9 时，精度评定等级为乙等；当 0.5＜DC＜0.7 时，精度评定等级为丙等。

8.4　结果与讨论

8.4.1　人类活动和气候变化对黄河流域径流的影响

黄河流域受气候变化与人类活动双重影响，王随继等[3]的研究结果表明，黄

河中游产流量在过去几十年呈明显减小的变化趋势，而人类活动则是中游区间地表产流量减小的重要影响因素。人类活动影响黄河中游区间产流量变化的主要方式是拦蓄滞留，这些拦蓄滞留的水量大多数最终通过蒸散发作用而从地表径流循环进入大气循环。而气候变化对径流的影响是指气温、降水等因子及其时空变化对水文循环带来的改变，进而改变了径流过程。影响径流过程的主要气象要素是降水、蒸发，而湿度和温度等气象要素可通过改变蒸发量和降水量，从而间接影响径流过程，因此本书以降水量、温度、蒸发量和湿度为影响因子并作为输入量进行模型的构建。

近几十年来，黄河流域内各种人类活动越加频繁，导致下垫面条件不断发生改变，径流受气候变化和人类活动双重影响，李二辉等[4]应用了多种方法对黄河干流的三门峡站和河口镇站九十多年的径流量演变过程进行了分析，其研究表明黄河上游和中游的人类活动对径流量减少的影响因素主要是水土保持工程、生产生活用水等。丁艳峰等[5]则以利津水文站的实测天然径流资料为依据，采用多种方法，对黄河入海径流的变化特征进行分析，同时根据该流域的气候变化和人类活动的相关资料，定量探讨气候变化和人类活动对入海径流带来的改变。其研究表明，流域取水量的增加是造成入海径流量逐阶段减少和断流严重性增强的主要原因，黄河入海径流由受自然变化影响为主逐渐过渡到受人类活动影响为主，1985 年以后流域暖干化、大水库的调节和水土保持等则是促使径流量减少和断流的辅助因素。

在水文变异后，继续将降水量、温度、蒸发量和湿度 4 个气象要素作为影响因子进行输入，是为了使在气象条件不改变的状态下，通过模型模拟变异前后，径流的改变，比较两者的差异，从而直观展现人类活动对径流的影响。

8.4.2　模型建模精度分析

将检验样本导入已经训练好的 BP 神经网络模型中，得到如图 8-1～图 8-7 所示的预测结果，建模期和验证期的预测精度指标见表 8-2。

从图 8-1～图 8-7 可以看出，两个模型都能很好地预测 7 个水文站月径流的波动趋势，相较于波峰阶段，波谷阶段拟合得非常好。在波峰阶段，兰州水文站、头道拐水文站、龙门水文站和花园口水文站有部分拟合得不好，尤其是特大径流年，这应该跟突发强降雨有关。

除了少数有特大径流年的月份，总体上来看，BP 神经网络模型和 GRNN 网络模型是可以适用于黄河干流 7 个水文站的月径流预测。

再根据表 8-2，7 个水文站中，建模期和验证期，BP 神经网络模型的确定性系数 DC 和相关系数 R 大部分要高于 GRNN 网络模型。因此，本书用 BP 神经网络模型，用以研究水文变异后，黄河流域径流过程的变化。

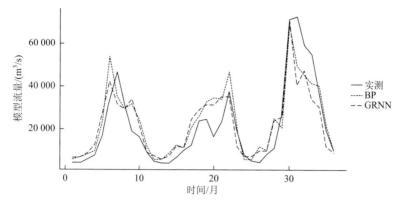

图 8-1　唐乃亥水文站检验阶段 BP 神经网络模型和 GRNN 网络模型预测值与实测值比较

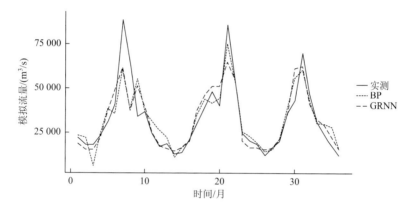

图 8-2　兰州水文站检验阶段 BP 神经网络模型和 GRNN 网络模型预测值与实测值比较

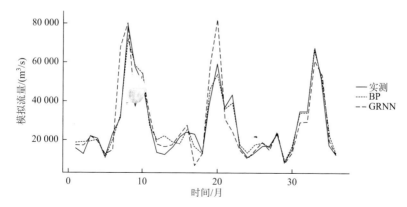

图 8-3　头道拐水文站检验阶段 BP 神经网络模型和 GRNN 网络模型预测值与实测值比较

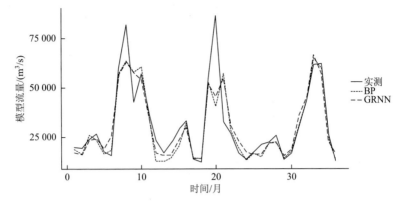

图 8-4　龙门水文站检验阶段 BP 神经网络模型和 GRNN 网络模型预测值与实测值比较

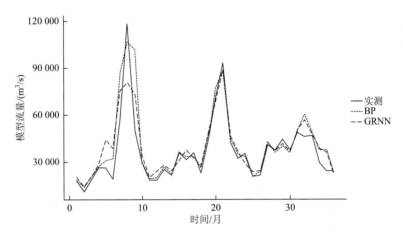

图 8-5　花园口水文站检验阶段 BP 神经网络模型和 GRNN 网络模型预测值与实测值比较

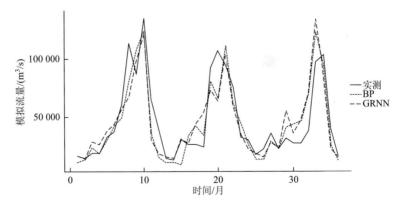

图 8-6　孙口水文站检验阶段 BP 神经网络模型和 GRNN 网络模型预测值与实测值比较

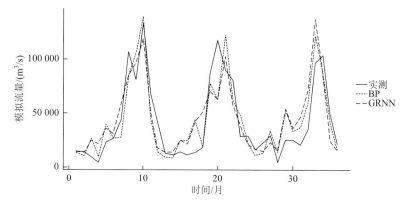

图 8-7　利津水文站检验阶段 BP 神经网络模型和 GRNN 网络模型预测值与实测值比较

表 8-2　BP 神经网络模型与 GRNN 网络模型在建模期与验证期的 DC 和 *R*

水文站点	网络模型	建模期		验证期	
		DC	*R*	DC	*R*
唐乃亥	BP	0.796	0.905	0.781	0.894
	GRNN	0.773	0.874	0.743	0.867
兰州	BP	0.786	0.892	0.778	0.885
	GRNN	0.779	0.883	0.765	0.875
头道拐	BP	0.769	0.864	0.77	0.879
	GRNN	0.774	0.87	0.751	0.867
龙门	BP	0.744	0.863	0.728	0.859
	GRNN	0.769	0.884	0.756	0.872
花园口	BP	0.742	0.853	0.73	0.875
	GRNN	0.775	0.862	0.779	0.884
孙口	BP	0.795	0.903	0.773	0.886
	GRNN	0.736	0.855	0.700	0.840
利津	BP	0.725	0.822	0.738	0.866
	GRNN	0.715	0.847	0.690	0.835

8.4.3　BP 神经网络模拟结果

7 个水文站在水文变异后月径流模拟结果如图 8-8～图 8-14 所示，变异年后黄河流域水文过程发生显著变化，整体上不论枯季还是丰季，径流预测值绝大部分均高于实测值。径流变化是气候变化与人类活动多因素综合作用的结果，迄今有关气候变化对径流影响的研究，不仅强调气候变化本身对径流量的影响，也考虑人类活动对径流影响，在长期径流观测资料的基础上，已有众多有关黄河流域径流变化及人类活动的研究成果，诸多研究表明[6,7]：近几十年，黄河流域径流显著减少，同期数据显示取水引水量也在增加，人类活动对径流减少有明显影响。人类活动对黄河产流量变化的主要影响方式是拦蓄滞留，这些拦蓄滞留的水量大多数最终通过蒸散发作用而从地表径流变为大气循环，从而导致部分水循环途径的改变。

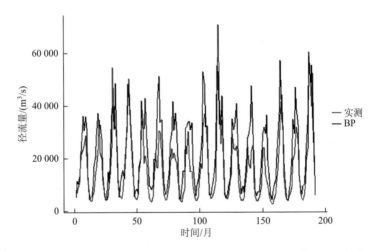

图 8-8　唐乃亥水文站变异年后月径流实测值与 BP 神经网络模型预测值的比较

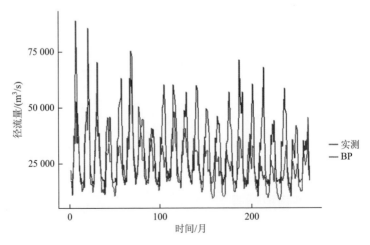

图 8-9　兰州水文站变异年后月径流实测值与 BP 神经网络模型预测值的比较

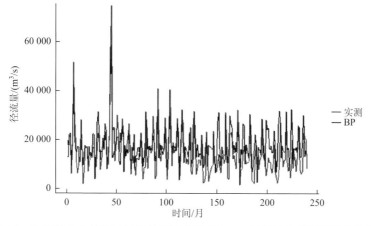

图 8-10　头道拐水文站变异年后月径流实测值与 BP 神经网络模型预测值的比较

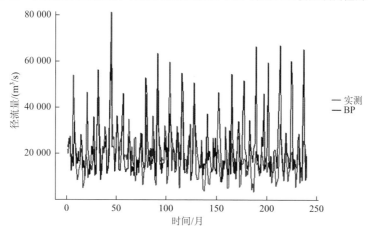

图 8-11　龙门水文站变异年后月径流实测值与 BP 神经网络模型预测值的比较

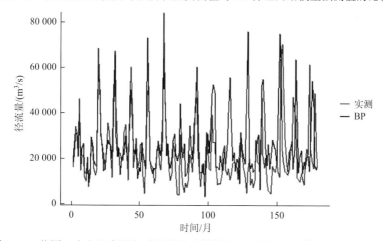

图 8-12　花园口水文站变异年后月径流实测值与 BP 神经网络模型预测值的比较

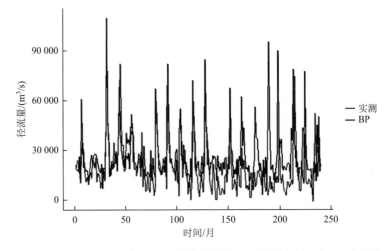

图 8-13　孙口水文站变异年后月径流实测值与 BP 神经网络模型预测值的比较

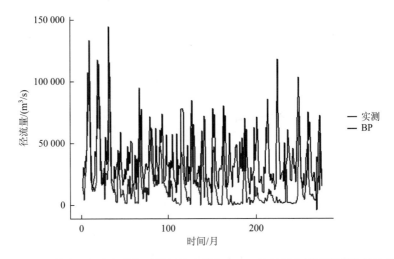

图 8-14　利津水文站变异年后月径流实测值与 BP 神经网络模型预测值的比较

由于唐乃亥水文站地处黄河上游，径流变化过程受气候变化的影响较大，根据黄荣辉等[8]的分析，黄河上游和源区降水量从 20 世纪 90 年代有所减小，气温明显上升，这是导致黄河源区和上游径流量减少的主要原因。

兰州水文站在丰季的径流量，预测和实测的结果差异较大，尤其在第 100 个月以后（1996～2005 年）。由于李家峡水库下闸蓄水投入使用。水库水坝工程的拦截蓄水功能对流域径流量的改变较大，兰州水文站的水文变异受人类活动影响较大。

头道拐水文站和龙门水文站径流预测值与实测值的差异表现出相似的规律，丰季流量和枯季流量的实测值都低于预测值，1986 年龙羊峡水库投入运行，随着刘家峡水库、龙羊峡水库的联合运行，头道拐水文站来水量呈现出减少的趋势，宁蒙河段径流量的年内分配发生明显改变，汛期径流量占年径流量的比例明显下降[9]。黄河河口—龙门区间后期因人类活动的影响年均径流量约减少 $18.8 \times 10^8 \mathrm{m}^3$，与前期平均值相比，后期水土保持措施对径流量的影响占 39%，降雨量影响占 29%，其他人类活动的影响占 32%[10]。

花园口水文站丰季和枯季径流量的实测值均低于预测值，特别是在第 80 个月（1993～2005 年）以后。90 年代以来，黄河流域的平均最高气温和最低气温都在升高，蒸发量大，而降水在黄土高原大部分地区及黄河下游地区下降的幅度较大，导致河川径流量大幅度减少。据悉，1998 年，黄河下游断流十分严重并且 2003 年上半年黄河来水偏枯幅度为 50 年来最大。黄河小浪底水利枢纽工程在 1994 年主体工程全面开工，1997 年 10 月 28 日截流。1996 年 12 月 26 日青海李家峡水电站下闸蓄水成功。两大工程的运行，使得花园口径流量减小幅度更加明显。与花园口水文站径流量减少的原因相似的还有孙口水文站和利津水文站，并且受人类活动的影响更为复杂。

综上可知，大部分水文站径流量实测值与预测值的差异较大，相较于径流波谷值，波峰值的差异更加明显。可见人类活动对河道径流量的改变很大，水利工程建设及水利调度和工业、农业、第三产业的用水等对河流的水文状况影响比较明显。而黄河下游地区的人口较为密集，经济发展较快，工业、农业及第三产业的用水量更大，同时下游还受上游来水的影响，因此下游径流量的改变比上游更为剧烈。

参 考 文 献

[1]　李剑锋，张强，陈晓宏，等. 考虑水文变异的黄河干流河道内生态需水研究 [J]. 地理学报，2011，66（1）：99-110.

[2]　李文文，傅旭东，吴文强，等. 黄河下游水沙突变特征分析[J]. 水力发电学报，2014，33（1）：108-113.

[3]　王随继，李玲，颜明. 气候和人类活动对黄河中游区间产流量变化的贡献率[J]. 地理研究，2013，(3)：395-402.

[4]　李二辉，穆兴民，赵广举.1919~2010 年黄河上中游区径流量变化分析[J]. 水科学进展，2014，(2)：155-163.

[5]　丁艳峰，潘少明，许祝华. 近 50 年来黄河入海径流量变化的初步分析[J]. 海洋开发与管理，2009，(5)：67-73.

[6]　Liu C，Zheng H. Changes in components of the hydrological cycle in the Yellow River basin during the second half of the 20th century[J]. Hydrological Processes，2004，18（12）：2337-2345.

[7]　Yang D，Li C，Hu H，et al. Analysis of water resources variability in the Yellow River of China during the last half century using historical data[J]. Water Resources Research，2004，40（6）.

[8]　黄荣辉，韦志刚，李锁锁，等. 黄河上游和源区气候、水文的年代际变化及其对华北水资源的影响[J]. 气候与环境研究，2006，(3)：245-258.

[9]　冉大川，姚文艺，焦鹏，等. 黄河上游头道拐站年径流输沙系列突变点识别与综合诊断[J]. 干旱区研究，2014，(5)：928-936.

[10]　穆兴民，巴桑赤烈，Zhang L，等. 黄河河口镇至龙门区间来水来沙变化及其对水利水保措施的响应[J]. 泥沙研究，2007，(2)：36-41.

第9章　黄河流域水文变异后生态径流指标的改变及对生物多样性的影响

9.1　黄河流域生态径流指标的变化

图 9-1 为黄河流域变异前后年和季节历年散点分布特征。整体上,水文情势变异前后高流量和低流量的出现范围差异较大。从各水文站的年和季节分布特征来看,夏季和秋季两个季节的差异更为明显。从年和每个季节的各站的分布特征来看,花园口、孙口和利津三个水文站的变异前后差异最为明显。变异后,高流量量级和次数明显降低,而低流量量级相对于变异年之前减少,次数增加,这很可能会导致高流量减少引起的生态赤字的增加。之所以会产生这种结果,主要有以下两方面的原因:①气候变化。温度是气候变化的主要表现形式,气候变暖是全球普遍的一种现象,黄河各地区也出现温度升高的情况,而降雨量则呈现出下降的趋势,这会导致天然的年径流量下降;②人类活动。1960 年以来,黄河流域地区的经济水平不断提高,而工业、农业及第三产业的用水量也不断增加,这导致河川径流量的减少。而且,黄河干流不断有大型水库等工程的建设,而这些工程的建设为灌溉、饮水、通航等提供便利的同时也改变了水文规律,人类用水更加灵活,而且在枯水期也能照常取水,从而导致了黄河流域用水量的增加。在气候变化和人类活动的共同影响下,黄河河道的年径流量大幅度减少而且流量的季节变化变得平缓。变异后,唐乃亥水文站夏季和秋季满足河流生态适宜的流量范围,减少的幅度相对其他六站少。这是因为唐乃亥水文站位于黄河上游,没有受到水利枢纽的调控影响,而且上游地区经济发展速度较慢,工业和农业用水量增加较少。其他六站水文变异后受调控影响,水库把汛期多余水量储存,在枯水期泄水,使得流量的季节变化趋于平稳。水文变异前,由于人类活动如水库建设等对河道径流量的影响较小,枯水期自然情况下是不能正常取水的,而水文变异后,人类活动改变了河道径流的季节规律,枯水期也能够正常取水,使得水文变异后的用水量增加。同时,黄河中下游经济发展速度相对唐乃亥水文站较快,工业、农业及第三产业用水和生活用水增长较快。这加速了黄河年径流量的减少。通过流量历时曲线(flow-duration curve, FDC)的变化,可以初步判断出水库对年和季节生态指标的影响。

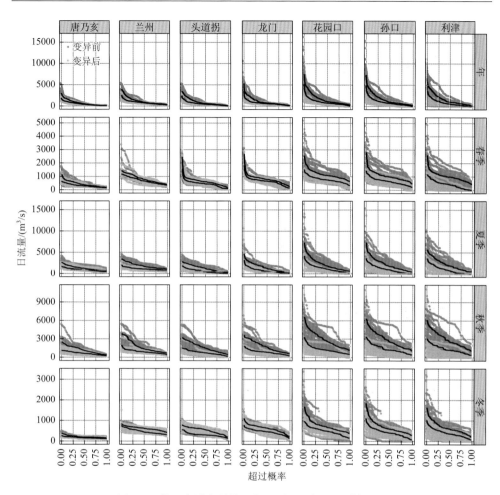

图 9-1　黄河流域变异前后年和季节历年 FDC 散点图

图中两条黑色曲线由上到下依次表示 75% 和 25%FDC 曲线

图 9-2 为通过年 FDC 和季节 FDC 得到黄河流域年和季节生态径流指标（生态剩余和生态赤字）及各水文站的年和季节降水距平的时间变化特征。从年尺度来看，唐乃亥水文站生态径流指标的时间变化与降水距平较一致，而到了黄河中下游，生态径流指标与降水距平的差异愈加明显。20 世纪 80 年代至 21 世纪初，从上游站到下游站，河流生态赤字的程度有逐级加深的趋势，而生态剩余保持为 0，黄河流域河道生态需水处于过度缺乏状态。降水减少导致流量减小，但是降水减少量并不显著，可见，年 FDC 低于 25% 分位数线部分增加，生态赤字上升受水库调控的影响较大。

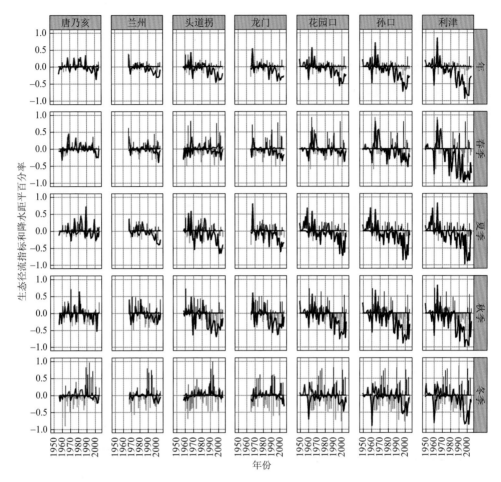

图 9-2　生态径流指标与降水距平百分率的时间变化

红色和绿色条形为降水距平百分率，蓝色曲线为生态剩余，黑色曲线为生态赤字

　　从季节的尺度来看，黄河流域生态径流指标与降水距平的差异则更加明显，尤其是春季、秋季和冬季三个季节。各水文站中，除了唐乃亥水文站，其他 6 个水文站的分布特征表明，20 世纪 80 年代之前，生态径流指标与降水距平的时间变化一致性较好，80～90 年代，降水增多，但是生态剩余则几乎为 0，90 年代之后，各水文站都以生态赤字为主，尤其以利津水文站的生态赤字最为显著，生态赤字的增加幅度远远超过降水距平。而冬季，90 年代之前，从各水文站变化特征来看，降水增加的多少对生态剩余的影响不大，此时，水库的调蓄作用得到了充分的发挥。而到 90 年代之后，黄河下游花园口、孙口和利津 3 个水文站，降水虽然增加，但生态剩余依旧维持在 0 附近，生态赤字增加的幅度远远超过降水的减少幅度。三门峡和小浪底两大水利工程对河道水文情势的变异有不小的贡献。

图 9-3 展示的是年和季节生态径流指标 10 年年际间变化特征。7 个水文站的年生态赤字均表现为 80 年代之后呈显著上升的趋势，而年生态剩余则一直在减少，到 80 年代之后维持在 0 附近。从各水文站的各季节生态径流指标的变化特征来看，夏季和秋季的生态赤字的增加最为显著，尤其是花园口、孙口和利津 3 个水文站，而生态剩余则均在减小，直到 80 年代之后维持在 0 附近。

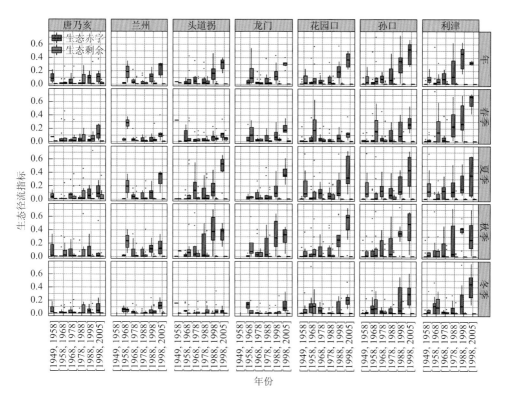

图 9-3　年和季节生态指标 10 年年际间变化箱型图

9.2　黄河流域生态径流的变化对生物多样性的影响

总季节生态剩余和总季节生态赤字就是分别将各季节生态剩余和生态赤字求和。总季节生态剩余和总季节生态赤字可以反映出季节尺度生态径流变化在年尺度的影响，从而和年尺度的生态多样性指标 SI 值对应。总季节生态剩余和总季节生态赤字用局部加权多项式（Loess 函数）回归进行拟合，并给出了 95% 置信区间，以判断其变化趋势（图 9-4）。从图 9-4 可以看出，黄河流域 7 个水文站总季节生态剩余和总季节生态赤字均具有相似的变化特征。各站的生态剩余在变异年之后都呈现下降趋势，并最终稳定在 0 值附近，各站的生态赤字则在变异年之后呈现显著增长趋势。

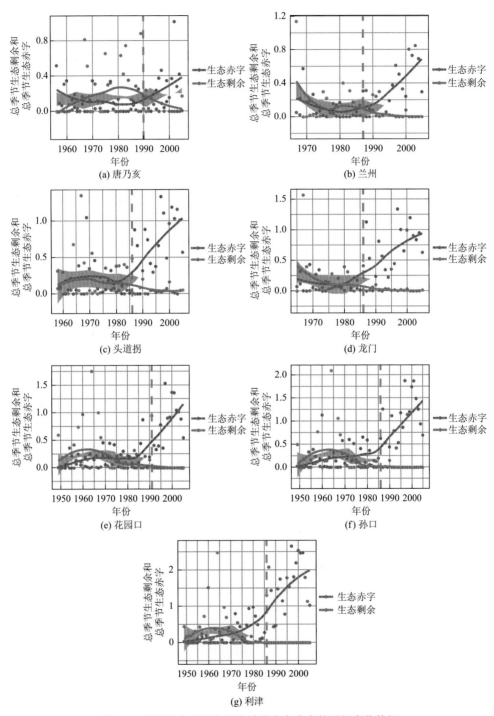

图 9-4 总季节生态剩余和总季节生态赤字的时间变化特征

图中阴影部分表示 Loess 拟合曲线的 95%置信区间

图 9-5 给出了生物多样性指标 SI 的变化特征。黄河流域各水文站 SI 值在 80 年代都有下降的趋势，黄河下游的 3 个水文站（花园口、孙口和利津）下降的趋势最为明显，可见三门峡和小浪底两座水利工程的建设及水资源的过度开发极大地改变了该河段的水文情势，对河流生态系统产生了严重的负面影响。有研究表明，

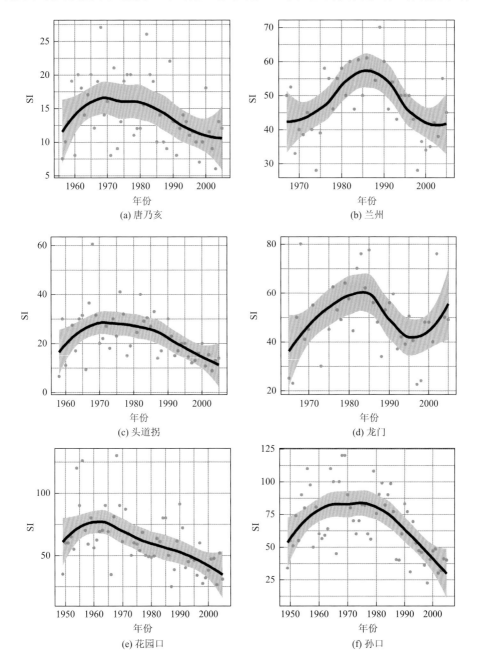

(a) 唐乃亥　　　　　　　　　　　　(b) 兰州

(c) 头道拐　　　　　　　　　　　　(d) 龙门

(e) 花园口　　　　　　　　　　　　(f) 孙口

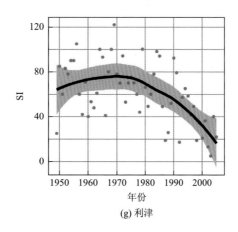

(g) 利津

图 9-5　生物多样性指标 SI 时间变化特征

黑色曲线表示 Loess 函数拟合曲线，阴影部分表示 Loess 拟合曲线的 95%置信区间

由于梯级水利工程建设、水量锐减、水污染加重等原因，黄河鱼类在种类、种群分布和数量上均呈减少、衰退趋势，大多数鱼类产卵场遭到破坏[1]；黄河干流中上游河段土著鱼类濒危加剧，鱼类逐渐小型化[2]。黄河下游河段整体鱼类物种多样性下降明显，小浪底水库的运行改变了水文条件，是该现象产生的主要原因之一，洄游型、急流型、产漂浮性卵的鱼类因无法完成其生命过程而从本河段消失[3]。

　　比较图 9-4 和图 9-5，所有水库在建库后总季节生态赤字一直在增加，各站 SI 值也不断在变化，这反映出河流生态径流机制的不平衡对建库后的河道内生物多样性的稳定状态有一定的影响。

参 考 文 献

[1]　黄锦辉，史晓新，张蕾，等. 黄河生态系统特征及生态保护目标识别[J]. 中国水土保持，2006，（12）：14-17.

[2]　袁永锋，李引娣，张林林，等. 黄河干流中上游水生生物资源调查研究[J]. 水生态学杂志，2009，（6）：15-19.

[3]　吕彬彬. 黄河干流小浪底至垦利段鱼类群落结构和物种多样性研究[D]. 西安：西北大学，2012.

第 10 章　黄河流域生态径流指标与 IHA 指标的比较及水文整体改变程度的评价

10.1　黄河流域生态径流指标与 IHA 指标比较

图 10-1 是黄河流域水文变异性指标 IHA 32 指标与各生态径流指标的相关系数图。由于唐乃亥、兰州、头道拐和龙门四个水文站没有断流现象，将忽略 IHA 的 33 个指标中的零流量天数（number of zero-flowdays）。大部分生态径流指标与 IHA 指标具有很强的正或者负的相关关系。如冬季（12 月至次年 2 月）的径流量均值与冬季节生态赤字有较强的正相关关系，各季节生态赤字和年生态赤字与最大 1d、3d、7d、30d 和 90d 流量（Max 1、Max 3、Max 7、Max 30、Max 90），最小 1d、3d、7d、30d 和 90d 流量（Min 1、Min 3、Min 7、Min 30、Min 90）及各月份径流量均值也呈现正相关，总季节生态赤字和生态变化总值与大部分 IHA 指标呈负相关。有少部分 IHA 指标与生态径流指标相关性较弱，包括低流量谷底数，低流量历时，流量涨落变化次数、年最大最小流量到来时刻等。这表明生态径流指标无法反映一些较小时间尺度的水文情势变化信息。因为生态径流指标是基于 FDC 得到，而 FDC 无法反映某一流量事件的历时及流量事件发生时刻等信息。通过以上分析，生态径流指标可以较好地反映出 IHA 指标的信息，生态剩余和生态赤字可以提供水文变异的评价标准。生态剩余和生态赤字与 IHA 指标的计算是相互独立的，同时生态剩余和生态赤字的应用能够有效解决大量水文指标之间的冗余与相关关系，可以作为衡量水文变异的定性指标。

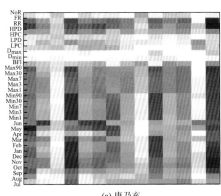
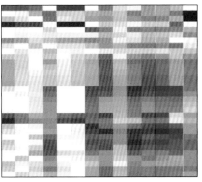

(a) 唐乃亥　　　　　　　　　　　　(b) 兰州

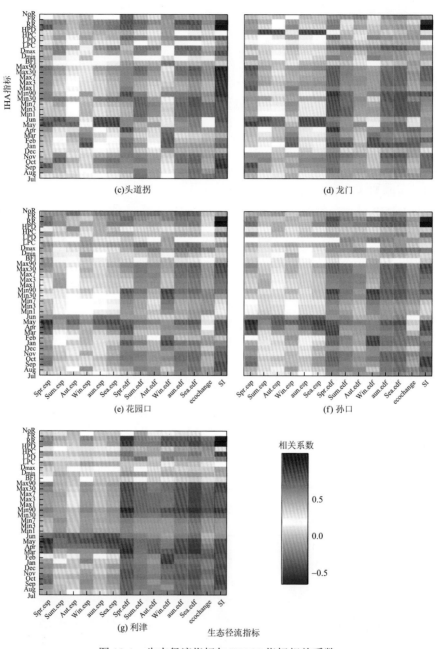

图 10-1　生态径流指标与 IHA32 指标相关系数

Spr.esp（edf）指春季生态剩余（赤字）；Sum.esp（edf）指夏季生态剩余（赤字）；Aut.esp（edf）指秋季生态剩余（赤字）；Win.esp（edf）指冬季生态剩余（赤字）；aun.esp（edf）指年生态剩余（赤字）；Sea.esp（edf）指总季节生态剩余（赤字）；ecochange 指总生态改变；NoR 指涨落变化次数；FR（RR）指年均涨（落）水速率；HPD（LPD）指高（低）流量平均持续时间；HPC（LPC）指高流量洪峰数/低流量谷底数；D_{max}（D_{min}）指年最大（小）流量出现日期；BFI 指基流指数；Jun、May、Apr、Mar、Feb、Jan、Dec、Nov、Oct、Sep、Aug、Jul 分别指 6 月、5 月、4 月、3 月、2 月、1 月、12 月、11 月、10 月、9 月、8 月、7 月流量均值

10.2　黄河流域水文整体改变程度的评价

表 10-1 是黄河流域变异前后水文序列 IHA33 参数均值变化百分比，可以看到各月份径流量均值都在减小，说明全年径流量在减少，年生态赤字增加。秋季（9～11 月）各站径流均值减少百分比较多，导致该季节生态赤字的剧增。相对来讲，唐乃亥水文站变异前后各月份径流均值变化最小，百分比绝对值均不超过 35%。而利津水文站则变化最大，各月份径流均值变化百分比绝对值大部分都超过 50%，导致利津水文站的生态赤字显著增加。至于年极端流量，最大 1d、3d、7d、30d、90d 流量一般出现在丰水期（夏季），均在减少。最小 1d、3d、7d、30d、90d 流量一般出现在枯水期（冬季），也在减少，所以各站变异后的 FDC 曲线均不能覆盖变异前的 FDC 曲线。相比较而言，黄河下游花园口、孙口和利津三个水文站的减小幅度较大，所以与变异前的 FDC 曲线的差距最为显著。断流的现象（Zero days）只出现在黄河下游花园口、孙口和利津三个水文站，1960 年和 1961 年中，花园口水文站出现 7d 和 18d 的断流，孙口水文站和利津水文站则分别出现 153d、336d 和 58d、91d 的断流。而 1960 年和 1961 年为枯水年，降水距平为负，径流量减少及水库蓄水导致断流。在变异年之后，花园口水文站在 2004 年再次出现 1d 断流。而孙口水文站和利津水文站的断流天数则越来越多，特别是 90 年代，接连数年都有断流现象，90 年代处于降水偏枯年，断流现象给水生态系统带来的灾难无疑是巨大的。最大流量出现的日期（Date of max）普遍上提前，最小流量出现日期（Date of min）则在兰州、花园口、孙口和利津水文站出现推迟。而且孙口水文站和利津水文站延迟的时间较长，这会对水生物的繁衍、进化和洄游产卵带来负面影响。低流量频率（Low pulse count）和低流量历时（Low pulse duration），大部分站点都呈现增加趋势，尤其是兰州水文站和利津水文站的低流量历时，分别增加了 134% 和 547%。而高流量频率（High pulse count）和高流量历时（High pulse duration）则普遍上呈现减小趋势，兰州水文站的高流量历时减小最为明显，达到了 87%。各站点的流量平均增加率（Rise rate）和平均减少率（Fall rate）都相对天然流态是减小的，尤其是利津水文站，减小的幅度最大。相对而言，流量的逆转次数（Number of reversals）变化的特征则不那么明显。

D_0 和 DHRAM 被用来衡量水文机制整体改变程度。DHRAM 基于 IHA 的 5 组 33 个参数，将每类参数的均值和离差系数的变化程度分为 3 类（1 代表改变程度最低，3 代表改变程度最高），然后求出每类总的改变程度，进行总体评价，确定水文情势改变对河流生态系统造成的风险等级。DHRAM 将总体改变程度分为 5 级，1 级代表水文机制没有受到影响（生态系统无风险），5 级代表受到严重影响（生态系统有严重风险）。

结合表 10-2,从 DHRAM 总体打分及评价结果来看,唐乃亥和龙门两个水文站改变等级为 2 级-低风险影响,兰州、头道拐和花园口三个水文站改变等级为 3 级-中等风险影响。孙口水文站由于在变异年之后断流现象增加,风险等级在原来的基础上增加一级为 4 级-高风险影响。而利津站也在突变年份之后时常断流,风险等级由 4 级-高风险影响上升为 5 级-严重影响。从 D_0 来看,利津水文站水文机制改变程度最大,达到 71.73%,唐乃亥水文站最小,达到 35.36%,这也能验证上述 DHRAM 对风险的判断。综合 DHRAM 和 D_0 的评价结果,可以看出黄河下游的花园口、孙口和利津水文站的风险等级较高。D_0 和 DHRAM 评价方法的结果为定量值,具有可比性。可考虑按照以上评价值制定与生态效益挂钩的管理制度,实施奖惩措施,有助于完善水库生态风险管理制度,进而提高生态环境风险管理水平,减少风险的潜在威胁。

表 10-1 黄河流域变异前后水文序列 IHA33 参数均值变化百分比

IHA 参数	变异前后序列均值变化百分比/%						
	唐乃亥	兰州	头道拐	龙门	花园口	孙口	利津
July	−19.74	−36.86	−59.04	−48.32	−62.77	−56.19	−66.62
August	−4.81	−32.97	−45.14	−39.91	−54.68	−56.04	−60.16
September	−30.32	−48.95	−51.48	−46.49	−60.29	−56.42	−63.38
October	−26.06	−38.73	−71.80	−64.51	−68.06	−65.33	−74.94
November	−16.18	−4.10	−32.85	−38.50	−55.55	−56.38	−63.46
December	−13.46	−4.77	−0.72	0.85	−24.10	−23.47	−50.87
January	−15.30	−9.90	−1.90	−21.93	−31.97	−23.76	−30.43
February	−12.48	−2.86	13.03	−2.54	−3.87	−31.20	−55.32
March	−11.42	−10.01	18.70	−1.80	−14.24	−27.77	−78.39
April	−8.69	−7.87	−4.77	−8.59	−14.30	−26.52	−85.80
May	−10.22	−8.00	−55.08	−51.56	−41.64	−47.64	−81.71
June	−9.01	−20.17	−37.79	−20.51	−14.41	−28.90	−57.71
Min 1	−14.60	−1.55	−47.37	−29.14	−45.23	−52.58	−89.95
Min 3	−14.60	−1.09	−46.03	−29.24	−35.99	−47.53	−88.02
Min 7	−14.54	−1.67	−46.73	−32.87	−35.52	−45.32	−87.61
Min 30	−14.09	−6.29	−32.91	−35.05	−34.94	−43.18	−78.26
Min 90	−12.51	−7.65	−11.02	−17.89	−26.87	−26.85	−70.11
Max 1	−29.45	−44.97	−23.95	−31.69	−47.63	−49.63	−49.86
Max 3	−29.39	−48.85	−26.47	−31.69	−49.66	−50.18	−51.61
Max 7	−29.48	−51.21	−36.97	−38.09	−51.27	−49.91	−52.56
Max 30	−26.39	−49.63	−46.56	−42.44	−53.38	−51.21	−55.57
Max 90	−21.05	−41.83	−48.65	−44.29	−54.93	−53.94	−60.27
Zero days	0	0	0	0	−89.90	119.37	460.57
BFI	0.06	29.88	−25.76	−6.02	14.87	5.78	−38.43

续表

IHA 参数	变异前后序列均值变化百分比/%						
	唐乃亥	兰州	头道拐	龙门	花园口	孙口	利津
D_{min}	−37.32	7.51	−14.68	−30.54	21.43	48.23	43.76
D_{max}	−3.73	−16.67	−49.05	−9.36	−19.20	−16.82	−6.92
LPC	−5.56	12.28	43.11	66.92	84.43	41.17	32.26
LPD	38.67	134.01	−11.46	−31.79	−32.72	63.95	547.50
HPC	24.26	−15.39	−23.49	−7.29	−38.19	−42.19	−38.65
HPD	−69.39	−87.83	−35.29	−15.54	−51.09	−69.84	−63.18
RR	−27.55	−2.80	−33.63	−12.89	−35.93	−38.82	−45.45
FR	−23.55	−0.03	−29.47	−5.63	−36.33	−38.32	−43.70
NoR	7.51	22.41	−5.17	21.79	21.16	12.36	6.07

表 10-2　黄河干流七个站点水文改变的总体评价

水文站点	IHA 分组	平均变化比例/%		影响点数		总点数	D_0/%
		均值	离差系数	均值	离差系数		
唐乃亥	1	14.81	16.71	0	0	2（2）	35.36
	2	18.74	18.36	0	0		
	3	20.52	38.93	1	1		
	4	34.47	21.43	0	0		
	5	19.54	25.22	0	0		
兰州	1	18.76	30.47	0	1	6（3）	51.51
	2	25.88	15.33	0	0		
	3	12.09	37.93	1	1		
	4	62.38	81.09	1	2		
	5	8.42	34.28	0	0		
头道拐	1	32.69	17.05	1	0	5（3）	48.77
	2	35.68	24.67	0	0		
	3	31.86	44.64	2	1		
	4	28.34	48.04	0	1		
	5	22.76	16.55	0	0		
龙门	1	28.79	24.24	1	0	3（2）	42.07
	2	30.77	20.47	0	0		
	3	19.95	24.99	1	0		
	4	30.39	33.66	0	1		
	5	13.44	32.88	0	0		

续表

水文站点	IHA 分组	平均变化比例/%		影响点数		总点数	D_0/%
		均值	离差系数	均值	离差系数		
花园口	1	37.16	24.35	1	0		
	2	40.93	12.91	0	0		
	3	20.31	65.82	1	2	6（3）	56.01
	4	51.61	44.46	1	1		
	5	31.14	8.25	0	0		
孙口	1	41.64	28.70	1	0		
	2	43.28	27.25	1	0		
	3	32.53	62.62	2	2	8（3）	53.6
	4	54.29	40.62	1	1		
	5	29.83	33.64	0	0		
利津	1	64.06	70.28	2	1		
	2	71.26	43.08	1	0		
	3	25.34	26.44	2	0	11（4）	71.73
	4	170.40	67.42	2	1		
	5	31.74	88.31	0	2		

第 11 章　辽河流域丰枯遭遇下水库生态调度研究

随着经济的发展，水资源供需矛盾愈发突出，水库作为调蓄的主要工程手段，在水资源的优化配置中发挥着日益重要的作用。分析不同区域水库来水丰枯遭遇，对水资源的区域再分配过程有着重要的意义[1]。丰枯遭遇事件涉及两两水库的入库流量，需要采用多变量的方法进行分析。另外，在保障供水的同时，考虑人类供水、水库与生态系统三者共同需求已成为流域水库调度与水资源配置的重点[2,3]。闫宝伟等[4]使用 Copula 函数对南水北调中线工程水源区与各受水区的丰枯遭遇进行了进一步研究。在流域生态径流研究方面，张强等[5]系统分析了东江流域生态径流，杨扬[6]使用逐月最小生态径流法与逐月频率计算法对大伙房水库、桓仁水库和碧流河水库入库径流进行了生态流量的分析。前人的研究主要集中于水库多目标调度[6-8]，往往对丰枯遭遇与生态需水进行单独研究，本书采用 Copula 函数同时考虑水库入流丰枯遭遇概率及最小生态基流的水库联合调水问题，不仅能够为水库间丰枯遭遇研究提供新的思路，其研究成果也将进一步完善水库间调度的解决方法，为水库调度提供重要的指导建议。

本书选择辽河流域源头、北线和南线三线 9 个水库进行分析，探讨近 50 年来水库间丰枯遭遇情况，同时研究各水库生态径流，结合水库丰枯遭遇与生态径流情况对输水城市进行水库生态调度，为辽河流域水库水资源的优化配置和区域水资源可持续开发利用提供科学依据。

11.1　研　究　方　法

11.1.1　边缘分布选择和参数估计

水文频率计算的两个基本问题是分布线型选择和参数的估计[9]。本书使用皮尔逊三型、广义极值分布及对数正态分布对水文变量进行边缘分布拟合，同时通过赤池信息量准则（Akaike information criterion，AIC）和 K-S 检验的值检验分布拟合优度。

11.1.2　二维 Copula 联合分布函数和非参数估计

本书采用此类型二维 Copula 函数中的 GH Copula、Clayton Copula 和 Frank

Copula 函数构建不同水库间的径流联合分布函数,通过 Genest 和 Rivest[10]提出的非参数估计方法计算三种 Copula 函数,再根据 OLS 方法选取最优 Copula 函数进行辽河流域水库间丰枯遭遇分析。

11.1.3 生态径流及计算方法

河流生态需水量是指满足维持河流系统特定的生态与环境功能(如输沙、防污、防止海水入侵、景观娱乐等)而消耗的水量[11]。通过生态径流计算方法计算河道生态需水量可以为水库调度提供数据支撑。本书将 9 个水库多年逐月入库径流资料作为下游河道天然径流系列,进行河道最小生态径流计算。生态径流计算方法有最小月平均实测法[12]、逐月最小流量法[13]、逐月频率计算法[5]、年内展布计算法[14],如需对以上方法做进一步了解,可参阅相应参考文献。

11.2 结 果

11.2.1 边际最优分布函数的确定

由表 11-1 可知,在 K-S 临界值为 0.054 的条件下,辽河流域 9 个水库的皮尔逊三型分布 K-S 值均高于临界值,表明对于辽河流域 9 个水库而言,皮尔逊三型分布不适合用于水库入库流量的拟合。除清河水库、英那河水库、张家堡水库外,其余 6 个水库的入库径流最优分布为广义极值分布。对于清河水库、英那河水库、张家堡水库而言,清河水库最优分布选择广义极值分布。英那河水库与清河水库分布选取情况相反,对数正态分布的 AIC 值比广义极值分布的值低,而 K-S 值高于广义极值分布,因此,选择对数正态分布为英那河水库最优分布。张家堡水库对数正态分布的 K-S 值和 AIC 值均低于广义极值分布,因此其最优分布为对数正态分布。

表 11-1 水库边缘分布 K-S 检验与评价结果

水库	皮尔逊三型		广义极值分布		对数正态分布	
	AIC 值	K-S 值	AIC 值	K-S 值	AIC 值	K-S 值
大伙房	3250	0.1438	3202	0.0395	3211	0.0619
清河	1764	0.1389	1747	0.0238	1937	0.1233
桓仁	4321	0.0997	4215	0.0437	4398	0.0997
白石	2619	0.1520	2513	0.0466	2530	0.0648
锦凌	1008	0.2271	845	0.0320	836	0.0546

水库	皮尔逊三型		广义极值分布		对数正态分布	
	AIC 值	K-S 值	AIC 值	K-S 值	AIC 值	K-S 值
青山	485	0.2010	308	0.0460	297	0.0566
英那河	1122	0.1752	1102	0.0355	1057	0.0533
碧流河	1781	0.1871	1606	0.0358	1611	0.0550
张家堡	1047	0.1378	968	0.0284	954	0.0277

注：K-S 的临界值为 0.054。

11.2.2　最优 Copula 函数的确定

本书采用 OLS 评价 Copula 函数方法的有效性，并选取 OLS 最小的 Copula 函数为最优 Copula 函数。

从表 11-2 看出，辽河流域源头水库（大伙房-桓仁、清河-桓仁）GH Copula 函数的 OLS 值均低于 Clayton Copula 函数与 Frank Copula 函数的 OLS 值，GH Copula 函数为辽河流域源头水库的最优 Copula 函数；对于辽河流域北线水库（白石-锦凌、白石-青山）Frank Copula 函数的 OLS 最小，因此，选取 Frank Copula 作为辽河流域北线水库的最优 Copula 函数；辽河流域南线水库（英那河-碧流河、张家堡-英那河、张家堡-碧流河）的最优 Copula 函数各不相同，其中，英那河-碧流河为 GH Copula 函数，张家堡-英那河为 Frank Copula 函数，张家堡-碧流河为 Clayton Copula 函数。3 种 Copula 函数在辽河流域水库与水库间不具有基本通用性，但 GH Copula 与 Frank Copula 函数对水库拟合效果较优。

表 11-2　二维 Copula 联合分布函数 OLS 评价结果

水库组合	GH Copula	Clayton Copula	Frank Copula
大伙房-桓仁	0.008	0.027	0.010
清河-桓仁	0.010	0.037	0.017
白石-锦凌	0.010	0.012	0.006
白石-青山	0.011	0.012	0.007
英那河-碧流河	0.005	0.037	0.012
张家堡-英那河	0.0988	0.1040	0.0738
张家堡-碧流河	0.0083	0.0074	0.0092

11.2.3　丰枯遭遇分析

从图 11-1～图 11-3 可以看出，对于 7 组水库丰枯遭遇情况，除白石-锦凌、白石-青山、张家堡-碧流河 3 组水库丰枯组合外，其余 4 组水库丰枯组合丰枯同步的概率范围为 0.59～0.77，丰枯异步的概率范围为 0.23～0.41，枯枯遭遇的概率范围为 0.27～0.33，丰枯同步的概率远高于丰枯异步的概率，4 组水库丰枯组合在正常来水年发生丰枯同步的概率极高，发生枯枯遭遇这种最恶劣情况的概率也不低。白石水库、锦凌水库、青山水库同属辽河流域北线水库，张家堡水库与碧流河水库属于南线水库，3 组水库组合丰枯同步概率均低于他们各自的丰枯异步概率，同时，他们的枯枯遭遇概率仅为 0.13、0.12 和 0.13，相对于其他 4 种组合而言，概率较低。为了进一步分析辽河流域水库丰枯遭遇情况，本书分别从水库源头、北线和南线进行分析。

辽河流域源头水库包括大伙房水库、清河水库及桓仁水库，从图 11-1 可知，三大水库枯枯遭遇的概率最大，为 0.32 与 0.27，丰枯遭遇与枯丰遭遇的概率最小，分别为 0.03 与 0.04，这表明，三大水库间丰枯同时出现的可能性极小，枯枯出现的概率极大，不利于水库间的调度。图 11-2 和图 11-3 是北线与南线水库丰枯遭遇情况，与其他 4 组水库间组合不同，白石-锦凌、白石-青山及张家堡-碧流河丰枯与枯丰遭遇概率皆高于其枯枯概率，如白石-锦凌的丰枯概率为 0.15，枯丰概率为 0.14，枯枯概率为 0.13。低枯枯遭遇概率有利于水库对下游城市进行调度，因此，三者对下游调水补给优于其他 4 组水库组合。

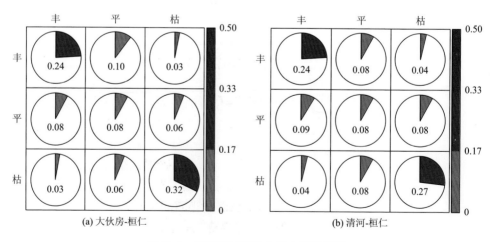

图 11-1　辽河流域源头水库丰枯遭遇图

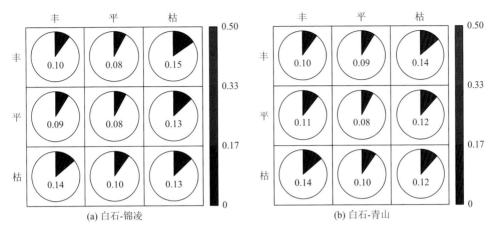

图 11-2　辽河流域北线水库丰枯遭遇图

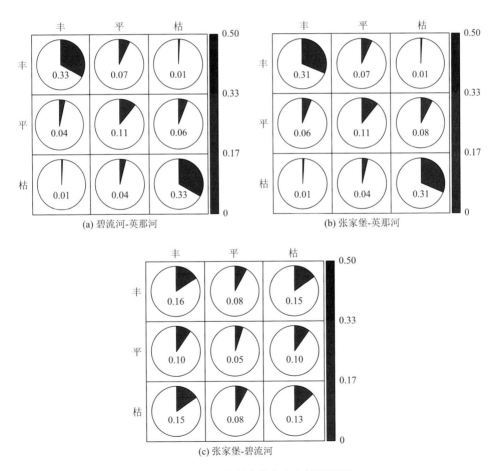

图 11-3　辽河流域南线水库丰枯遭遇图

综上所述，7 组水库组合仅有 3 组（白石-锦凌、白石-青山、张家堡-碧流河）丰枯异步概率高于丰枯同步概率，且枯枯遭遇概率较低，其余 4 组水库组合枯枯遭遇概率皆高于 27%，水库间发生同枯可能性较大，在同枯遭遇下，水库间供水量同时不足，无法为下游城市进行有效调水，因此，有必要先考虑各水库的生态径流状况，求出各水库最小生态径流，再结合研究中普遍采用的 37.5%枯水期分界线，对水库进行生态径流条件下的水库供水调配，使水库同时满足生态与供水需求。

11.2.4　辽河流域水库最小生态径流评价分析

本书运用 4 种方法计算的辽河流域 9 个水库最小生态径流，再通过 Tennant 法对各种方法进行评价，评价结果见表 11-3。根据 Tennant 法的评价标准[15]，可得出以下内容。

（1）对辽河流域 9 个水库而言，最小月平均流量法计算的径流量并不能使栖息地质量维持在令人满意的标准，除了大伙房水库、清河水库及张家堡水库占多年实测流量百分比高于 10%外，其余 6 个水库皆低于 10%。

（2）虽然整体上逐月最小流量法与年内展布计算法占多年实测流量百分比相同，但是由于逐月最小流量法取最小值容易出现极端情况，所以年内展布计算法计算所得径流量优于逐月最小流量法[14]径流量。

（3）总体而言，通过对比计算，90%保证率逐月频率计算法计算所得径流量最好，除青山水库计算径流量为 60.47m³/s 低于 10%、采用 Tennant 法建议的最小流量 66.52m³/s 外，锦凌水库、清河水库与碧流河水库的最佳生态径流量分别为 126.41m³/s、318.08m³/s、288.34m³/s，处于 Tennant 评价标准的 10%~20%，基本符合生态需求；英那河水库与张家堡水库径流量为 217.65m³/s 和 256.41m³/s，高于 20%，两个水库栖息地质量维持在适当的标准；大伙房水库、桓仁水库与白石水库径流量分别为 1736.90m³/s、4067.10m³/s 与 1995.10m³/s，百分比处于 30%~60%，其质量皆能维持在最佳的标准。因此，本书根据 90%保证率逐月频率计算法计算 9 个水库最小生态径流，并以此作为水库调度的最低标准。

表 11-3　辽河流域 9 个水库最小生态径流结果对比

水库	最小月平均流量		逐月最小流量		90%保证率逐月频率计算流量		年内展布计算流量	
	计算结果/(m³/s)	占多年实测流量百分比/%	计算结果/(m³/s)	占多年实测流量百分比/%	计算结果/(m³/s)	占多年实测流量百分比/%	计算结果/(m³/s)	占多年实测流量百分比/%
大伙房	563.72	10.82	1135.20	21.78	1736.90	33.33	1135.20	21.78
清河	187.28	11.55	70.73	4.36	318.08	19.61	70.73	4.36

续表

水库	最小月平均流量		逐月最小流量		90%保证率逐月频率计算流量		年内展布计算流量	
	计算结果/(m³/s)	占多年实测流量百分比/%	计算结果/(m³/s)	占多年实测流量百分比/%	计算结果/(m³/s)	占多年实测流量百分比/%	计算结果/(m³/s)	占多年实测流量百分比/%
桓仁	850.43	6.62	1473.90	11.47	4067.10	31.66	1473.90	11.47
白石	111.59	3.32	474.25	14.13	1995.10	59.44	474.25	14.13
锦凌	89.87	9.11	41.84	4.24	126.41	12.82	41.84	4.24
青山	52.75	7.93	13.11	1.97	66.52	10.00	13.11	1.97
英那河	59.10	5.88	75.19	7.49	217.65	21.67	75.19	7.49
碧流河	114.52	6.56	112.90	6.47	288.34	16.52	112.90	6.47
张家堡	108.96	11.87	150.37	16.37	256.41	27.92	150.37	16.37

11.2.5　辽河流域水库调度分析

本书选取 9 个水库 2002~2006 年枯水月（1 月、2 月、3 月、4 月、5 月、10 月、11 月、12 月）进行水库调度分析，其中，枯水期分界线为径流序列累积频率 37.5%分界线，最小生态径流为 90%逐月频率计算法结果。从图 11-4~图 11-6 可以看出，源头水库中的大伙房水库与桓仁水库可调水量最大，两者调水的目的地是沈阳，2002~2006 年 1 月与 2 月皆发生枯枯遭遇，且两水库入库流量不能满足生态系统最低标准，在考虑水库生态系统的条件下无法对沈阳进行调水。桓仁水库与清河水库调水目的地是开原，虽然清河水库可调水量并不多，但是从 2005 年开始，2005 年与 2006 年基本上枯水月的水量均高于最小生态径流，两年间可调水量最小时为 200.2m³/s，最大时为 1856.3m³/s，可对开原进行少量调水。除 2002 年 5 月两个水库入库径流皆低于最小生态径流标准，无法对开原进行调水外，其余时间两水库均能进行交替式或叠加式调水。对于以上两种无法调水情况，可令大伙房水库与桓仁水库在 12 月提前蓄水，或引入外调水以满足沈阳 1 月、2 月枯水月的用水要求，同时令桓仁水库与清河水库在 4 月提前蓄水以满足开原 5 月用水需求。再分析辽河流域北线水库，三个水库中，白石水库是引水水库，锦凌水库与青山水库是受水水库，但是，白石水库最小生态径流为 1995.1m³/s，高于其枯水期分界线 1208.0m³/s，因此，当白石水库与锦凌水库、白石水库与青山水库枯枯遭遇时，白石水库无法进行调水，所以对白石水库与锦凌水库而言，当锦凌水库入库流量也低于最小生态径流，如 2002 年 1 月、12 月、2003 年 1 月、2 月、12 月及 2004 年 1 月和 2 月，两者无法对凌海市进行调水。对于白石水库与青山水库而言，虽然两者枯枯遭遇概率并不高，从图 11-5 可知，2002～2006 年白石与青山水库均没有发生枯枯遭遇，青山水库 2002～2006 年枯水月入库流量均高于枯水期分界线，但是，由于青山水库入库径流较少，当其流量处于枯水期分界线附近时，如 2002 年 4 月、12 月，2003 年 1 月、2 月、3 月、4 月等，其可调水量仅为 59.06m³/s，此时，若遭遇白石水库入库径流低于最小生态径流时，如 2003 年与 2004 年 1 月、2 月，则难以对绥中县进行调水。在这两种情况下，由于白石水库无法调水，应考虑锦凌水库与青山水库分别提前蓄水或引入外调水来满足凌海市与绥中县的用水需求。

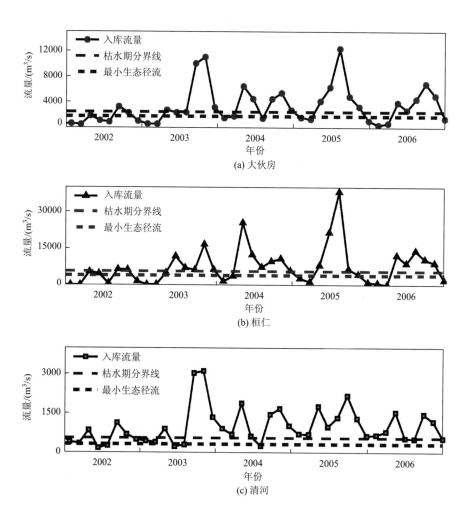

图 11-4　辽河流域源头水库枯水月调度分析

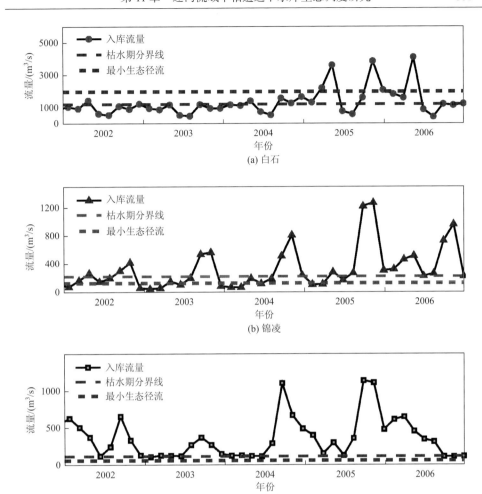

图 11-5 辽河流域北线水库枯水月调度分析

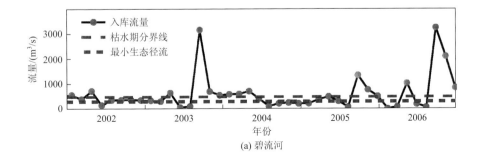

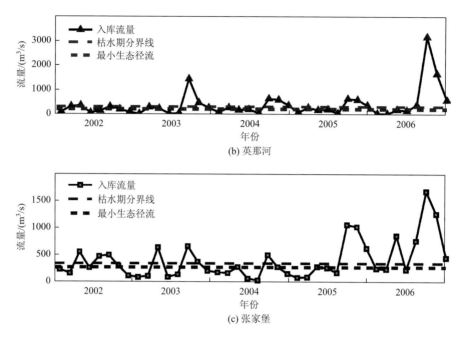

(b) 英那河

(c) 张家堡

图 11-6　辽河流域南线水库枯水月调度分析

　　辽河流域南线水库（碧流河水库、英那河水库及张家堡水库）的调水区域是大连，它们枯水期分界线与最小生态径流线皆非常接近，其中，英那河水库的枯水期分界线为 320.87m³/s，最小生态径流为 217.64m³/s，在这范围内可调水仅为103.23m³/s，而碧流河水库与张家堡水库在最小生态径流与枯水期分界线范围内的可调水分别为 194.36m³/s 与 68.42m³/s，所以三者发生两两枯枯遭遇时对调水容易产生不利影响，由于 3 个水库都是对大连进行调水，因此考虑三者联合调水，当3 个水库中有任意一个水库可进行调水即可对大连进行水量的调度，所以一共有3 种情况：①其中一个水库调水，另外两个水库不调水；②两个水库调水，另外一个水库不调水；③三个水库同时调水。对于情况①，如 2000 年 1 月，英那河水库与张家堡水库入库流量皆低于最小生态径流，此时，碧流河水库入库流量高于枯水期分界线，可用于对大连调水，调水量为 206.5m³/s。对于情况②，如 2004 年3 月，英那河水库无法进行调水，而张家堡水库和碧流河水库可以进行联合调水，其可调水量为两个水库可调水量总和，为 1317.86m³/s。情况③是最佳状况，如2004 年 10 月，联合可调水量最大，为 7303m³/s。但是，最不利调水情况即 3 个水库同时低于最小生态径流情况仍然存在，如 2000 年 4 月，2001 年 4 月、5 月，2002 年 5 月，2003 年 1 月、5 月，以及 2004 年 1 月、2 月、4 月，这些月份 3 个水库均无法在维持生态系统的条件下对大连进行供水，因此需要考虑外调水对大连进行调水。

参 考 文 献

[1]　郑红星，刘昌明. 南水北调东中两线不同水文区降水丰枯遭遇性分析[J]. 地理学报，2000，（5）：523-532.

[2]　Lajoie F，Assani A A，Roy A G，et al. Impacts of dams on monthly flow characteristics. The influence of watershed size and seasons[J]. Journal of Hydrology，2007，334（3-4）：423-439.

[3]　Yin X A，Yang Z F，Petts G E，et al. A reservoir operating method for riverine ecosystem protection，reservoir sedimentation control and water supply[J]. Journal of Hydrology，2014，512：379-387.

[4]　闫宝伟，郭生练，肖义. 南水北调中线水源区与受水区降水丰枯遭遇研究[J]. 水利学报，2007，38（10）：1178-1185.

[5]　张强，崔瑛，陈永勤. 水文变异条件下的东江流域生态径流研究[J]. 自然资源学报，2012，27（5）：790-800.

[6]　杨扬. 考虑生态需水分析的水库调度研究[D]. 大连：大连理工大学，2012.

[7]　周惠成，刘莎，程爱民，等. 跨流域引水期间受水水库引水与供水联合调度研究[J]. 水利学报，2013，44（8）：883-891.

[8]　祝雪萍. 跨流域引水与水库供水联合调度及变化条件对其影响研究[D]. 大连：大连理工大学，2013.

[9]　陈永勤，孙鹏，张强，等. 基于 Copula 的鄱阳湖流域水文干旱频率分析[J]. 自然灾害学报，2013，（1）：75-84.

[10]　Genest C，Rivest L P. Statistical inference procedures for bivariate Archimedean Copulas[J]. Journal of the American Statistical Association，1993，88（423）：1034-1043.

[11]　张丽，李丽娟，梁丽乔，等. 流域生态需水的理论及计算研究进展[J]. 农业工程学报，2008，24（7）：307-312.

[12]　李丽娟，郑红星. 海滦河流域河流系统生态环境需水量计算[J]. 地理学报，2000，55（4）：495-500.

[13]　于龙娟，夏自强，杜晓舜. 最小生态径流的内涵及计算方法研究[J]. 河海大学学报：自然科学版，2004，32（1）：18-22.

[14]　潘扎荣，阮晓红，徐静. 河道基本生态需水的年内展布计算法[J]. 水利学报，2013，44（1）：119-126.

[15]　郭利丹，夏自强，林虹，等. 生态径流评价中的 Tennant 法应用[J]. 生态学报，2009，29（4）：1787-1792.